生物质育苗盘成型机理及试验研究

著　马永财　张　博
主审　张　伟

哈尔滨工程大学出版社
Harbin Engineering University Press

内容简介

本书以水稻秸秆和牛粪为原料,依据育苗移栽农艺要求,设计了生物质育苗盘成型模具,获得了在无外加黏结剂的条件下制备生物质育苗盘的方法。在理论研究的基础上对生物质育苗钵成型装置进行了优化,对生物质导热系数及物料传热过程进行了大量模拟及试验,揭示了育苗盘成型机理,确定了生物质育苗盘成型工艺及参数,包括成型温度、物料粒度和压强等。最后,通过育苗后育苗盘破坏荷载验证试验及田间移栽试验验证了制备的生物质育苗盘满足育苗移栽功能性需求。

本书可供相关专业研究人员参考使用。

图书在版编目(CIP)数据

生物质育苗盘成型机理及试验研究/马永财,张博著.—哈尔滨:哈尔滨工程大学出版社,2022.6

ISBN 978-7-5661-3542-1

Ⅰ.①生… Ⅱ.①马… ②张… Ⅲ.①容器育苗-研究 Ⅳ.①S723.1

中国版本图书馆CIP数据核字(2022)第108492号

生物质育苗盘成型机理及试验研究
SHENGWUZHI YUMIAOPAN CHENGXING JILI JI SHIYAN YANJIU

选题策划 刘凯元
责任编辑 张志雯
封面设计 李海波

出版发行 哈尔滨工程大学出版社
社　　址 哈尔滨市南岗区南通大街145号
邮政编码 150001
发行电话 0451-82519328
传　　真 0451-82519699
经　　销 新华书店
印　　刷 哈尔滨午阳印刷有限公司
开　　本 787 mm×1 092 mm 1/16
印　　张 9.5
字　　数 243千字
版　　次 2022年6月第1版
印　　次 2022年6月第1次印刷
定　　价 45.00元
http://www.hrbeupress.com
E-mail:heupress@hrbeu.edu.cn

前　言

育苗移栽技术可有效延长北方寒地玉米生育期，是提高玉米品质和产量的有效方法之一。但目前育苗载体为满足降解和育苗后强度需求均添加有黏结剂。因此，笔者利用木质素玻璃化转变特性，研究了一种生物质育苗盘的制备方法，利用理论分析、微观成像、建模仿真和试验研究的方法，从生物质育苗盘的制备、成型机理、性能指标等方面进行了较为深入的研究与探索。主要体现在：

(1)结合农业生物质特点，研究并确定了制备生物质育苗盘原料。通过对木质素物理特性的分析，分析现有生物质成型方式，并结合生物质物料特点，确定了采用热压成型的方式制备生物质育苗盘，并设计制备的工艺流程。

(2)分析现有生物质成型和强度产生机理，根据木质素的成膜和黏弹特性，利用木质素玻璃化转变特性，研究生物质内木质素产生黏性的外界条件，结合生物质原料特点，研究生物质自体木质素黏结机理。

(3)试验研究牛粪秸秆质量比、含水率和加热温度条件下导热系数的影响规律，建立以牛粪和水稻秸秆为原料的生物质物料导热系数模型。并依据导热系数进行了物料传热模拟，模拟不同牛粪秸秆质量比、含水率和加热温度条件下生物质育苗盘升温到木质素玻璃化转变温度以上所需的加热时间，确定了较合理的生物质育苗盘成型加热温度。

(4)以生物质内木质素产生黏性的外界条件为依据，研究生物质成型方式，通过电子显微镜(电镜)扫描技术，从微观角度观察分析成型试块内木质素与纤维素黏结和物理结构重组现象，结合试块强度、膨胀率和遇水强度衰减试验结果，研究并揭示生物质育苗盘成型机理。

(5)以生物质育苗盘成型机理研究为基础，选取育苗盘成型压强、牛粪与水稻秸秆质量比和物料综合含水率为试验因素，以生物质育苗前后的破坏荷载和膨胀率为性能评价指标进行单因素试验研究，确定了多因素试验中育苗盘因素水平范围。

(6)以抗弯强度、遇水后破坏荷载最大，膨胀率、遇水后膨胀率最小为目标进行求解，得出最佳生产条件，对性能指标的回归方程进行优化分析，获得较佳参数组合。

(7)通过育苗试验和试验田移栽试验验证育苗盘成型机理，研究生物质育苗盘育苗性能、育苗后力学性能及土降解性能。

本书得到了黑龙江省自然科学基金项目“玉米移栽生物质钵育秧盘制备方法及成型机理研究”(LH2019E073),财政部和农业农村部国家现代农业产业技术体系(CARS－04－PS32),大庆市指导性科技计划项目“牛粪秸秆热压成型可降解育苗盘试验研究”(zd－2019－37),黑龙江八一农垦大学引进人才科研启动计划“生物质育苗盘成型机理研究”(XYB201919),黑龙江八一农垦大学学成、引进人才科研启动计划项目“生物质营养钵盘成型机理及试验研究”(XDB201803)的资助。

本书由马永财和张博撰写,其中马永财撰写了第1章、第3章、第5章、第7章和第8章,共计约13.5万字,张博撰写了第2章、第4章和第6章,共计约10.8万字。本书撰写过程中得到了黑龙江八一农垦大学亓立强、万鹏举、石文强、于丽娟、李润锋等的大力支持,在此致以谢意。本书篇幅较大且章节较多,撰写过程中难免出现疏漏与错误,敬请读者批评指正。

著　者
2022年1月

目　　录

第1章 绪　论

1.1 研究背景

中国是世界玉米主要生产国之一,2015年我国玉米种植面积高达3 800多万公顷,列居世界首位[1]。黑龙江省是我国玉米的重要产区,在2015年以前,黑龙江省玉米种植面积呈现逐年上升的趋势(图1-1)。随着供给侧结构性改革,在2016年我国农业部提出的农业结构调整中[2],要求在降低玉米的种植面积的同时保证玉米供给量。因此,2016年后在黑龙江地区玉米种植面积逐年下降的前提下,为保证黑龙江省玉米生产做到稳产能、保供给[3],需要提高玉米单位面积内的产量和质量。

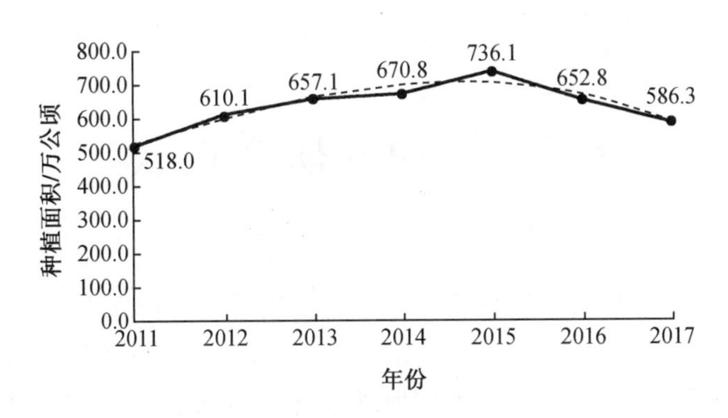

图1-1　2011—2017年黑龙江省玉米种植面积

由于黑龙江省所处位置纬度较高,因此气候寒冷,并且无霜期较短,这些地理劣势导致黑龙江地区的玉米种植周期较短[4]。玉米育苗移栽技术可有效增加玉米生育期,利用该技术进行玉米种植可以将玉米生育期延长半月左右,以缓解黑龙江地区气温低、种植周期短的问题,是提高玉米产量的有效途径[5]。但由于传统的玉米钵育移栽技术需要大量人力,导致移栽效率较低。经过长期研究,机械化移栽替代人工移栽的方法应运而生,这不仅可以降低劳动强度,还可以大大提高移栽效率。

常用的育苗钵盘包括以塑料为原料的育苗盘、以纸为主要原料的育苗盘、以动物粪便为原料的营养钵及以黏土和秸秆为材料的育苗盘[6]。目前看来,国内育苗时多采用塑料育苗盘,但其透气性较差,并且塑料无法在土壤中降解,还会造成环境污染,而如果进行脱膜移栽,则容易伤害秧苗根系,进而影响秧苗的成活率[7]。相对来说,纸质育苗盘的透气性较好,并且透气性也优于塑料育苗盘,但其生产成本相对较高,同时纸质育苗盘也不适合在高湿环境下使用[8]。而营养钵是以单钵形式存在的育苗盘,并不适用于大范围种植时的移栽和自动化移栽[9]。与上述几种育苗盘相比,以黏土和秸秆为材料的育苗盘具有成本低、不污染环境、适合自动化移栽等优势。

黑龙江省的畜牧业发展正处于上升期,养殖规模呈现逐年增加的趋势,但牲畜粪便引起的污染问题制约了畜牧业的可持续发展。据统计,黑龙江省 2015 年的奶牛养殖规模就已经达到了 510.9 万头,若按照每头牛每天的排便量为其体重的 5% ~6% 进行计算,450 kg 的牛每天的排便量可达 25 kg,每头牛一年的排便量可达 9 125 kg[10]。针对上述现象,我国对奶牛的粪便管理以及合理化利用制定了相关政策,《畜禽规模养殖污染防治条例》中便有明确的要求。奶牛养殖人员根据政策规定,也更加主动地寻求粪便的无害处理方式,以实现奶牛养殖行业的可持续发展[11]。

因此,充分利用牛粪中的木质素以及秸秆中的纤维素,以牛粪作为主要原料,设计一种无胶黏剂添加的生物质育苗盘,使其既满足玉米育苗移栽时的农业生产需要,入土后又可完全降解,并在玉米育苗过程中及大田移栽后为秧苗提供一定的养分,这一方法为农业废弃物的利用提供了一种解决办法。通过对生物质原料中木质素与纤维素成型机理的研究,为生物质育苗盘的生产和农业废弃物的利用奠定了理论基础。同时本研究对牛粪进行充分利用,避免造成不必要的环境污染和资源浪费,对实现玉米种植低碳、环保、生态、优质、高产、高效的可持续发展具有重要意义。

1.2 国内外研究现状

俗话说"苗好五成收",因此培育适龄蔬菜壮苗显得尤为重要[12]。现阶段我国蔬菜育苗方式主要以容器育苗为主,其优点在于:苗期生长条件好,有利于培养大苗、壮苗;移栽定植时植株根系完整,缓苗期短,有明显的护根效果,有利于蔬菜早熟和高产,相关试验表明,与传统育苗方式相比,容器育苗方式可使作物提早 5 ~7 天成熟,同时增产效果十分明显。伴随着室内大棚育苗技术的推广,育苗容器在作物育苗劫夺和作物生长时期的作用变得尤为重要,同时棚室育苗的方式也逐渐受到了广大农户与学者的深层次关注,育苗所使用的载体多种多样,目前市面上所使用的载体主要包括育苗盘、育苗钵和穴盘等。如今应用得最多的为塑料材质的育苗载体,但塑料的透气性和透水性都不尽如人意,同时还具有难降解、降解后会对环境造成污染的弊端,因此人们将更多的目光放在了对环境无污染的可降解育苗载体的研发与应用之中。

1.2.1 国内外育苗盘研究现状

常见的育苗容器包括纸钵、草钵及塑料育苗钵等,近年来又出现了营养钵块及生物质育苗钵等育苗容器,如图1-2所示。

(a)纸钵 (b)营养钵块

(c)塑料育苗杯 (d)穴盘

图1-2 常见的育苗容器

纸钵又称纸杯、纸袋,如图1-2(a)所示,为降低育苗成本,一般用旧报纸卷成圆筒状,内部同样放入育秧土进行育苗,常用于北方大型园艺设施栽培黄瓜幼苗。纸钵育苗的方式在国外同样得到了广泛应用。由于纸张特殊的材料特性,育苗过程中秧苗可以保持直立状态,空气可透过纸张从而增加土壤中氧气含量,且纸钵的护根效果相比床土育苗起坨定植更加明显,取苗运输时对植物根系的损伤较少,但是纸钵的制作过程费时费力,排杯到苗床的过程效率也很低。

草钵育苗常见于杭州、成都等地,是当地菜农利用稻草制成的一种育苗钵,虽然实现了农业废弃物的资源化利用,但制钵时对稻草的尺寸及制钵人员的技术都有很高的要求,无法实现机械化制钵,工作效率低,因此不宜大面积推广使用。

营养钵块如图1-2(b)所示,其在制造过程中需要以草炭土为成型的原材料,而草炭属于不可再生资源,营养钵块的大范围推广会严重消耗大量草炭资源,对环境造成不可逆转的损害,因此营养钵块同样不能广泛应用于育苗行业中。

塑料育苗钵以育苗杯和穴盘为主,如图1-2(c)(d)所示,在蔬菜育苗环节中的应用十分普遍。塑料育苗容器大多以聚乙烯为原料制成,其优点在于制作方法简单,制造成本低,制钵速度快,保水性优于其他育苗容器,同时可重复利用。常见穴盘规格见表1-1。

表1-1 常见穴盘规格

穴盘规格与孔数	穴孔顶部宽/mm	穴高/mm	穴孔下底宽/mm	孔容积/mL	千盘需基质/m^3	每立方米装盘数/盘
Q50	50	50	22	55	2.75	354
S50	46	51	30	72	3.60	270
T50	50	55	25	70	3.50	278

表 1－1(续)

穴盘规格与孔数	穴孔顶部宽/mm	穴高/mm	穴孔下底宽/mm	孔容积/mL	千盘需基质/m^3	每立方米装盘数/盘
Q72	40	45	20	40	2.88	340
S72	38	46	22	43	3.10	315
T72	40	55	20	55	3.96	245
Q128	32	48	14	22	2.82	348
S128、T128	30	48	15	25	3.20	303
NS128	30	38	15	22	2.82	345
Q200、T200	25	43	10	14	2.8	350
S200	24	43	11	12	2.40	407
NS288	18	38	8	6	1.73	570

现阶段由于塑料育苗盘价格低廉，因而被广泛应用在大棚育苗中。塑料育苗盘也存在一定弊端，育苗浇水后，水不能完全从盘内流出，使盘内的育苗土与秧苗根系无法接触自然空气，影响育苗作物的毛细根发育，农作物容易出现烂根现象，且高强度、高韧性的塑料育苗盘还会影响农作物根系进一步的生长，使作物根系在塑料育苗盘中盘根错节，影响农作物的生长发育，最终降低农作物产量[13]。此外，塑料育苗盘在达到使用寿命后，如不妥善处理，在自然环境中无法降解，会对生态环境造成影响[14]。

鉴于此，近年来国内专家通过改变育苗容器的材质，利用植物纤维和纸质材料研制出了两种可降解的育苗盘[15]。这两种可降解育苗盘具有良好的透水、透气性，农作物的幼苗根系可轻松穿透苗盘，得到满足生长发育的养分。此外，这两种育苗盘在移栽作业过程中不必与农作物秧苗分离，可随农作物秧苗直接入土。苗盘降解后，可增加土壤有机质的含量，增加土壤后期肥力，避免环境污染，保持生态可持续发展。但相比于塑料育苗盘，这两种可降解育苗盘具有较高的生产成本，因而无法在农业生产中广泛应用，因此研制可降解且成本较低的育苗盘是关键。近年来，欧洲国家在解决育苗盘成本过高的问题上，通过寻找可降解的材料代替原生产原料，有效利用废弃资源，将处理后的废弃资源合理应用在钵育苗盘的制备上，进而研制新型钵育苗盘[16]。

以农业生物质为原料加工制备的钵育苗盘具有良好的透水、透气性，可促进秧苗根系的生长，使农作物具有良好的抗倒伏特性。移栽作业后，农作物秧苗具有较短的缓苗期，缩短了农作物在大田内的生育期，可解决寒带地区积温不足等问题。此外，钵育苗盘中秸秆等成分为可降解材质，在移栽后可在自然环境内降解，在降解过程中，通过细菌等微生物分解慢慢转化成对农作物有益的生物质有机肥，这种有机肥可以改良土壤酸碱性，降低土壤 pH 值，将北方的碱性土壤慢慢调节成适合植物生长的酸性土壤，并且增加土壤中活性剂等有益物质的含量[17-18]。

E. H. Sun 等[19]以稻壳和玉米淀粉为主要原料，经脲醛改性，制备可降解的生态复合育苗容器，并对育苗容器的降解性能进行研究。研究中分析了育苗容器在土壤中的湿剪切强度、吸水能力和生物降解特性,并采用热失重法对不同育苗容器的热降解行为进行了定量分析。研究结果表明,复合尿素甲醛-玉米淀粉胶黏剂比玉米淀粉胶黏剂的干强度提高了108.9%,该复合材料具有较好的生物降解性能,可作为传统塑料罐的替代材料。

P. D. Postemsky 等[20]发现,蘑菇培养后留下的基质与菌丝网相互结合会形成一个整体,该整体呈现一定的机械性能,可被切割和掏空用于制作可降解育苗容器。该研究中分别以葵花籽壳和水稻壳为育苗基质制作育苗容器,并评估了两种类型育苗容器在番茄幼苗移植、幼苗建立和番茄生产中的作用。研究结果表明,葵花籽壳育苗容器的幼苗生长和活力与对照组无明显差异,而水稻壳育苗容器的幼苗生长和活力均有所下降。在理想条件下育苗结果表明,葵花籽壳育苗容器对番茄生长发育、开花及早期果实产量的影响均与对照组相当,而水稻壳育苗容器对番茄生长发育、开花及早期果实产量均有不利影响。

P. Qu 等[21]将水解大豆分离蛋白改性脲醛树脂与秸秆粉混合,制备了可降解育苗用容器,并对育苗容器的拉伸强度和降解性进行了分析;采用 N-15 同位素示踪、动态力学分析、C-13 CP/MAS 核磁共振波谱和扫描电子显微镜-能谱仪对改性脲醛树脂的降解行为进行了研究。结果表明,与脲醛树脂育苗容器相比,改性脲醛树脂育苗容器的最佳拉伸强度提高了6%;改性脲醛树脂育苗容器的可降解性比未改性脲醛树脂育苗容器提高了8.8倍;且改性脲醛树脂在降解过程中可为作物生长提供氮源,更有利于植株的生长。

G. F. Wu 等[12]研究了一种以稻草和淀粉为原料,聚乙烯醇改性淀粉作为黏合剂制成的可生物降解育苗容器。试验分析了热处理和聚酰胺树脂对育苗容器性能的影响,采用吸湿性、红外光谱、降解性和热失重分析等方法对其物理性能和生物降解性进行了表征。试验结果表明,两种处理均提高了育苗容器的干强度,经过热处理后,育苗容器的干强度增加,而由于聚酰胺树脂的作用,育苗容器的吸湿性随热处理和聚酰胺树脂的加入而降低,且热处理效果明显优于聚酰胺树脂。观察到聚酰胺树脂处理后,在3 400 cm^{-1}、2 900 cm^{-1}、1 640 cm^{-1}、1 500 cm^{-1}、1 400 cm^{-1}、1 050 cm^{-1}的峰值强度和位置发生了变化。由于树脂中含有氮,用聚酰胺树脂处理后的试样失重较大。育苗容器的外观表明,热处理容器在种植时不易发霉。热重分析(TGA)表明,热处理可以提高育苗容器的热稳定性,而聚酰胺树脂则可以促进育苗容器的降解。

耿端阳等[22]研究了一种适合玉米育苗的育苗盘,通过对比试验,结合玉米育苗农艺要求及玉米育苗过程中根系的生长状况,确定了育苗盘的容积,设计出适合我国农村玉米移栽使用的上小下大的圆台形纸质育苗盘,该育苗盘价格低廉,适用性好,易降解,避免了以往玉米育苗过程中出现的窜根和根坨易变形现象。

陈海荣等[23]以稻草、木屑等农业废弃物为原料,制成了可降解的新型育苗钵,通过试验验证了该育苗钵栽培甜瓜的可行性。在湿度较大的情况下,甜瓜根系可在15~25天穿过育苗钵钵体,育苗钵在埋土30天后逐渐被降解。

彭祚登等[24]以小麦秸秆为成型材料,并添加一定量的固化剂,经过设备加工后制成圆台状育苗容器。该育苗容器主要技术参数为上底直径6 cm,下底直径4 cm,高5.5 cm,壁厚0.245 cm,体积65 cm^3。通过育苗试验验证了利用生物质育苗钵进行育苗的可行性,该育苗钵有分解和腐烂的速度较快、透气性和透水性良好、可促进植株根系生长等优点,但也存在保水保湿效果不佳、灌溉频率高、遇水易破碎等问题。

王君玲等[25]分别以4种不同的作物秸秆和花生壳为原料压制钵盘，如图1－3所示。将原料粉碎为粗、细两种状态，通过添加水（400 mL）＋淀粉（100 g）＋NaOH（12 g）＋磷酸（6 g）配制而成的胶黏剂，在温度70～75 ℃的条件下利用万能试验机对不同成型原料进行挤压，成型后直接脱模并进行干燥处理，形成完整的育苗钵，对不同原料制备的育苗钵进行密度及跌碎率机械特性试验。试验结果表明，4种不同作物秸秆和花生壳均可用于制作生物质育苗钵，同时满足在育苗过程中对于钵盘的各项要求；经过对比后发现，玉米秸秆和水稻秸秆更适宜制作育苗钵，且在压缩压力为15 kN的情况下更有利于育苗钵成型。

(a)玉米秸秆

(b)水稻秸秆

(c)高粱秸秆

(d)花生壳

(e)大豆秸秆

图1－3　5种不同原料制备的育苗钵

张志军等[26]选用秸秆作为育苗盘的主要原料，并将其用于棉花种植的育苗移栽，随后分析了应用秸秆育苗盘进行育苗的经济效益，发现此种育苗方式不仅可以提高棉花的出苗率和成活率，还可以缩短育苗周期，这也使经济效益得到了显著提高。此外，张志军等[27]还使用紫苏秸秆、花生壳和农作物（如玉米、棉花等）进行了不同原材料育苗盘的制作，并将苗盘用于花卉和蔬菜的种植移栽。结果表明，育苗盘的强度与其使用性能显著相关；此外，制作苗盘时选用的秸秆种类与苗盘的成型率关系不大，但秸秆的粉碎度与苗盘成型率呈正相关，同时秸秆的粉碎度与苗盘的吸水性能也呈正相关。然而，秸秆的粉碎细度越细，代表秸秆颗粒的表面积越大，这不利于育苗盘的保水性，同时也会影响到育苗盘的蓬松性，另外秸秆粉碎细度的增加也会使其制作成本相应增加[23]。

陈中玉[28]、白晓虎等[29]以粉碎后的玉米秸秆为原料，加入20%的淀粉胶，采用加热压缩的方式制备育苗钵，试验中以成型压强、成型温度以及黏结剂质量比作为影响因素，研究了其对育苗钵性能的影响。在成型温度对育苗钵强度的影响试验中，谈到了秸秆中木质素在加热的情况下软化，充当了成型时的黏结剂，但其试验温度为100 ℃，木质素并未完全软化，因此在他们的研究中，育苗钵黏结成型主要依靠淀粉胶的糊化。

孙启新等[30]对秸秆类生物质冷压成型进行了仿真分析，深入分析了生物质物料在冷压过程中的成型徐变过程。研究结果表明，物料在冷压成型过程中，其物理形态经历松散、压紧、固化三个过程，物料的形变过程包含塑性形变和黏性形变。

庹洪章等[31]利用环状旋转成型机使生物质物料成型，并研究了环模转速和含水率与生物质成型密度、成型率之间的关系。研究结果表明，含水率过高或过低都会降低生物质的成型率，且适当的含水率有利于提高物料密实程度。

周春梅等[32]、裘啸等[33]对秸秆成型工艺进行了试验研究，对比分析了采用冷压成型、黏结剂成型以及热压成型三种工艺的能耗情况。研究结果表明，相比于单纯冷压成型，采用热压成型以及添加黏结剂的冷压成型对秸秆的成型效果更好，在综合考虑效果和效益的情况下，采用热压成型工艺效果最佳。

高玉芝等[34]进行了秸秆育苗钵成型质量受黏结剂种类影响的研究，分别研究了玉米淀粉、磷酸、NaOH 以及黏土 4 种黏结剂对成型质量的影响。研究结果表明，4 种黏结剂均能满足育苗钵在育苗过程中的强度要求，其中以黏土作为黏结剂更为环保，但其配比需进一步研究。

汪春等[35]以秸秆为主要原材料，并按一定比例加入微肥营养介质土、水溶性生物胶等材料，采用辊压成型技术制备适合水稻育秧的植质钵育秧盘。目前，水稻植质钵育秧盘经过不断改进设计已经发展至第六代，如图 1－4 所示。相关试验结果表明，水稻植质钵育秧盘具有增产增收、保护环境和促进水稻生产现代化等优点。

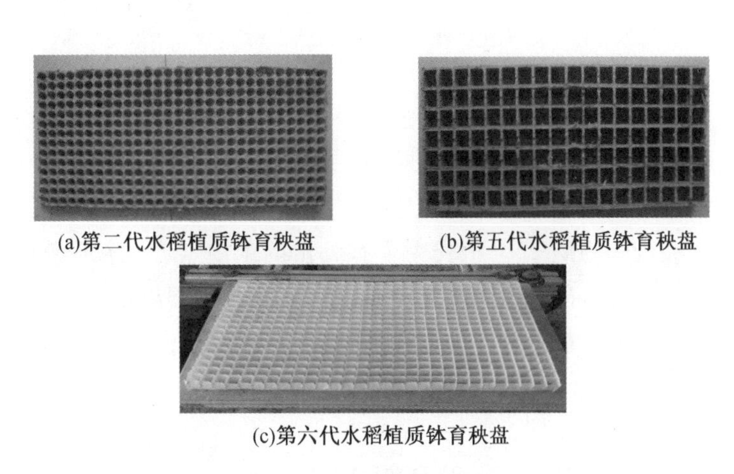

(a)第二代水稻植质钵育秧盘　(b)第五代水稻植质钵育秧盘

(c)第六代水稻植质钵育秧盘

图 1－4　水稻植质钵育秧盘

马永财[36]用水稻秸秆、黏土和黏结机质等在冷压成型条件下制备玉米钵育苗盘，并采用高温蒸汽干燥的方式，使钵盘成型，成型后的钵盘强度较高，且入土后可降解。根据玉米移栽农艺要求及机械化栽植的需要，确定以黏土为主要原料，通过添加胶黏剂、固体凝结剂及适量水压制适合玉米机械化移栽的植质钵盘（图 1－5）；通过对玉米机械化移栽过程分析，确定钵盘形状为多钵孔连续长条状，利用 UG 建立钵盘成型模具三维模型，并对模具的成型部件进行有限元仿真分析；分析生物质物料的成型机理，揭示钵盘压缩成型机理；确定钵盘的制备工艺流程及干燥固化工艺参数等，满足玉米移栽过程中对钵盘的性能要求，为玉米植质钵育移栽机的研制提供理论支持。

综上所述，现有苗盘从形式上主要分为有序苗盘和育苗单钵；从苗盘材料上分为塑料钵盘、纸质钵盘和生物质降解钵盘。塑料钵盘透气性差且无法降解，移栽时需要先将钵苗从苗盘中取出后再进行入土移栽，过程较为烦琐，与之相匹配的移栽机构结构复杂，对设计和加工精度要求极高，不利于育苗移栽技术的推广应用。纸质钵盘的直立性和透气性等均较好，但成本高且制造时会对环境产生一定污染和不适用于高湿环境。秸秆钵盘可降解，但在成型过程中为保证成型效果和成型后强度，或多或少需要添加化学胶、生物胶或黏土，存在不环保、成本高、原材料运输不便等问题。现有的动物粪便生物质钵盘，由于其成型材料强度较差，因此多为单体钵或育苗块，虽然可完全降解但由于其无序性不能实现自动、准确和有序供苗，无法满足自动化移栽的需求。

图1－5　玉米移栽六连钵

如果采用一种无化学成分添加的生物质材料制备育苗盘，使其即可随秧苗入土实现完全降解，又可满足有序苗盘成型后的强度要求，同时在移入田间后具有一定的肥力，可有效解决以上问题。动物的粪便是天然的有机肥料。牛粪是一种常见的生物质资源，牛粪中含有丰富的矿物元素和营养物质[15]。牛粪中含有大量的木质素[36]，木质素是一种没有固定形态的热塑性高聚物[37]，具有玻璃化转变性质，是一种天然胶黏剂。在玻璃化转变温度以下，木质素呈玻璃固态，在玻璃化转变温度以上，其分子链发生运动，木质素软化变黏，并具有黏胶力[38－39]。

1.2.2　国内外木质素应用研究现状

木质素是一种结构复杂，酸性环境下不溶于水[40]，且无法水解的高分子聚集体[41]。在植物体内，木质素与其他两种纤维素共同组成结构骨架，这三种天然高分子化合物支撑着植物细胞及结构[41]。在多数的木本植被中，木质素是主要的支撑物质，可形成坚硬的植物骨架[42]。在木材中，木质素起着90%以上的填充作用，其特殊的理化性质加强了纤维素之间的黏合力，使细胞壁之间结合得更加坚固，对抵抗外界微生物侵入具有举足轻重的作用，同时坚硬的机械强度使植物具有抗腐能力[43]。通过研究还发现，当木质素与纤维素相互交织共同作为细胞间质时，会固化组织细胞壁，增强其硬度[44]。此外，由于木质素的特殊性质，会把附近的细胞吸附黏结在一起。经过木质素木化后的细胞，细胞壁强度会有所增加，变得非常坚硬，而加厚的细胞壁可以提高细胞的防御能力，减少植物细胞壁的透水性，进而增加植物茎秆的抗弯强度。如图1－6所示，一个细胞可以利用细胞壁间的木质素与周围的细胞相互连接，密集的细胞团具有坚硬的细胞壁，这样大大提高了植物枝干的抗压强度，可有效抵抗外界的干扰[45]。

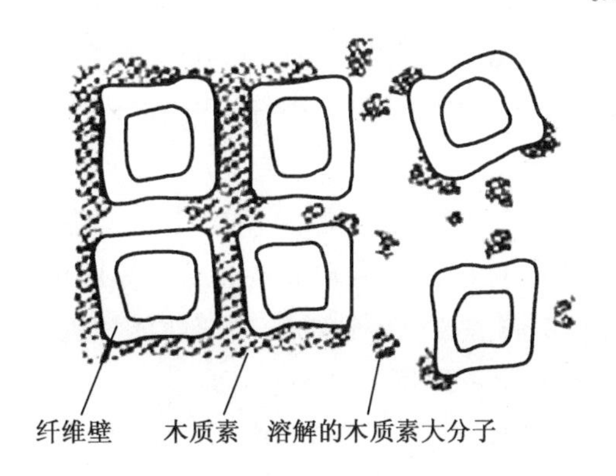

图1-6 木质素在植物中的分布

最重要的是,在自然界中木质素作为从数量上仅次于纤维素的第二大天然高分子材料,每年都以500亿吨的速度再生,因而是极具潜力的可再生资源[46]。

1. 木质素作为黏结剂的应用

木质素可以在黏结剂中以两种形式存在,一种是木质素直接作黏结剂,如磺酸盐、碱形式存在的木质素,通过加入相关助剂可以形成木材所用的黏结剂。另一种是将木质素与酚醛树脂、脲醛树脂和聚氨酯等物资混合,使其性质发生改变,进而成为黏结剂。近年来,专家们相继尝试开发使用由木质素形成的黏结剂。

(1)木质素本身作为黏结剂

木质素本身具有黏性,可直接作为黏结剂使用。很多植物中的木质素均发挥着黏结剂的作用,使植物具有较强的结构属性,例如,由于木质素的黏结作用可以使树木生长到几十米到上百米挺立而不倒[47]。尹子康等[48]通过对木质素的研究,发现木质素中磺酸盐具有改性、粘黏性及加热后具有的特殊属性等多个特点,证明磺酸盐自身具有黏结的能力,可用于木板制作。

早期的研究结果表明,因为木质素芳香环上很少产生空位,且反应的能力相对较弱,因此若要使固化的木质素发挥黏结作用,需要施加一定的温度、特定时长的压力或使用特定浓度的酸,且木质素作为粘黏剂在对其加压之后还需要进一步特殊加工,加工后的产品为黑色[49],具有较低的机械属性、物理属性以及耐水属性。20世纪80年代后期,大多学者通过外加助剂将木质素与多种类型的树脂混合使用作为研究核心,并用于工业生产[50]。

近几年来,由于环保意识逐渐增强,人们又重新把木质素在非甲醛系环保工艺中当作黏结剂使用。K. C. Li等[51]、X. L. Geng等[52]用聚酰胺-环氧氯丙烷(PAE)和聚乙烯亚胺(PEI)与碱木质素相结合,研制出两种无醛型木材黏结剂(木质素-PAE、木质素-PEI),当PAE与木质素的质量比为1:3时,木质素-PAE黏结剂具有一定的剪切强度且不溶于水,在室温下可以储存两天;木质素和PEI的最优质量比是2:1,热压所需温度是140 ℃,混合产出的木质素-PEI黏结剂在常温常压下能储存3天。张惠民[53]通过混合30%~40%的木质素、2%~5%的聚乙烯醇、4%~8%的聚磷酸铵、2%~8%的淀粉、1%~2%的双戊烯,发明了一种无污染木质素黏合剂的生产方法,生产出的黏合剂具有阻燃特性,且这种方法没有添加化工原料,不会产生甲醛等对环境有害的物质,可以使人体的健康不受侵害。

H. Lei 等[54]采用小相对分子质量的木质素、单宁与无毒无挥发性的乙二醛制备了含天然材料达 80% 的环保型木材黏结剂，该黏结剂具有很好的内结合强度，达到室外级要求。

（2）木质素改性作为黏结剂

国外的学者对木质素胶黏剂的研究起步较早，对木质素改性后作为胶黏剂做了大量研究[55-57]。L. F. Bornstein 等[58]选用木质素磺酸盐和三聚氰胺甲醛进行胶黏剂的制备，结果表明该胶黏剂的性能与利用脲醛树脂制造的胶黏剂性能相近。并且，L. F. Bornstein 等制得的胶黏剂中木质素磺酸盐所占比例为 70%，由此看来，该胶黏剂具有较好的耐水性。M. Raskin 等[59]选用木质素磺酸盐和多种不饱和醛（丙烯醛和柠檬醛等）与 FeCl 进行催化反应的方式，制作 LUF 树脂胶黏剂。结果表明，LUF 树脂胶黏剂的性能可以与脲醛树脂相媲美。此外，C. Felby 等[60]采用氧化还原酶将木质素进行氧化，并选用虫漆酶含苯氧基促进剂催化木质素的聚合作用，由此制得胶黏剂，通过性能测试发现该胶黏剂与脲醛树脂性能相近。

M. Mradula 等[61]首先从天然木屑中提取木质素，随后在提取的木质素中加入适量的苯酚和福尔马林，使其在碱性较高的环境下发生化学反应，由此得到新型的胶黏剂。随后通过试验证明该胶黏剂可以被应用于生物质的黏合，并可以很好地替代苯酚应用于生活中。他们进一步分析了该黏合剂的形成机理，苯酚的加入使木质素发生脱甲基化反应，生成邻苯二酚，这促进了反应的进一步发生。除此之外，较高的碱性环境也会促进苯酚树脂的生成。另外，也有学者在碱性较高的反应环境下加入苯酚，使其与木质素中的磺酸盐发生聚合反应，通过这种方式可以制得在工业生产中用于纤维板黏合的黏合剂[62-63]。卫民[64]将木质素进行羟甲基化修饰，并发现被修饰的木质素可以使苯酚改性，得到素酚醛树脂，并且可以将其应用于胶合板的压制；随后采用万能压力机进行了破坏测试试验，结果证明采用该方式黏合的胶合板符合行业标准。

2. 木质素成膜性的应用

木质素具有优异的耐水性和稳定的成膜性，同时还具有可降解性能，并可与纤维素、淀粉等原料混合后制备成膜材料[65]。

S. Baumberger 等[66]于 1998 年采用热成型挤压的加工方式，将木质素与淀粉混合，研制出了一种新型的复合薄膜，这一试验开辟了复合材料的新领域。对这种新型的复合薄膜进行应力应变性能测试，结果表明木质素的添加使该复合薄膜的耐水性显著提高。

S. Lepifre 等[67]选用不同作物的木质素与淀粉进行混合，采用电子束照射替代热挤压的方式成功制备了木质素－淀粉复合薄膜，随后对其成膜机理进行了分析，结果表明木质素的结构在电子束的照射下发生了明显变化，木质素的活性增加，使木质素与淀粉之间产生兼容性，两者更容易发生融合。

W. Ban 等[68]通过试验指出，在制备木质素复合薄膜过程中，木质素的添加会使薄膜的透明度显著降低，但同时由于木质素具有较强的疏水性，使得制备出的复合薄膜耐水性较高。

R. L. Wu 等[69]同样也选用木质素、淀粉作为复合薄膜的制作原料，同时加入了纤维素，并分析了其成膜性能及原料之间的相互作用。分析结果显示，木质素和纤维素含量的比例对于成膜性能具有较大影响,而淀粉的含量对于成膜性能的影响并不大,但其却对复合薄膜的弹性影响较大。由木质素、淀粉和纤维素制得的复合薄膜表现出更加优异的热稳定性,同时也表现出很强的阻气能力。

3. 木质素在农业上的应用

木质素除了在工业领域的应用外,还可以广泛应用于农业生产中,如作为农业肥料或肥料添加剂。近年来,木质素被更广泛地应用于农药缓释剂的制作方面。木质素在农业生产中的应用不仅促进了资源的合理利用,对环境保护也起到了一定的推进作用,对农业的可持续发展意义重大。

C. Liu 等[70]通过对木质素进行碱性处理,进行接枝共聚反应,研究出一种共聚物木质素(淀粉 - 丙烯酰胺 - 丙烯酸,LSAA),并对其进行了实际使用效果检验。验证结果表明,在使用了 LSAA 后,污染物的径流输出现象显著降低,这说明 LSAA 的使用更利于环境安全。W. J. Mulder 等[71]将木质素与疏水性化合物相结合,并使用交联剂作为融合基,制备用于使尿素肥料缓释的隔水涂层,该种涂层具备降解性,不会对环境造成污染,因此可以用于降低或缓解由尿素过量使用造成的田间土壤中氮含量超标的情况。F. J. Garrido - Herrera 等[72]选用不同种类的农药与硫酸盐木质素进行混合,在高温条件下持续搅拌20 min使农药与木质素混合均匀。随后经过一系列的降温、干燥处理以及缓释颗粒制造等步骤进行控释载体的制作。将制作好的控释载体进行释放速率试验,试验结果表明,传统的技术产品与试验制得的控释载体相比,释放速率明显加快。由此说明采用该方法制得的控释载体能够较好地控制农药的释放速率。此外,M. Fernández - Pérez 等[73-74]在试验过程中也得到相同的结论:采用该技术制作的控释颗粒的农药释放速率显著降低,由此说明采用木质素制成的控释颗粒可以更有效地控制及降低相关化学试剂的释放速率。

由于木质素特有的生物学特性和结构特性,其可以被用作肥料的控释载体,同时也可以用作维生素、矿物质及微量元素等营养成分的良好载体。木质素相对承载力较高、缓释效果好,因此被认为是经济实惠的培养基质[75-76]。

1.2.3 国内外生物质成型设备研究现状

W. Zhou 等[77]以可持续发展理念,应用绿色制造技术和工艺,对植物秸秆包装挤压机进行设计;通过对植物秸秆包装容器的成型机理和材料配方进行研究,分析了挤压机的工作原理;对凸轮挤压机构的关键部件进行了轮廓设计,分析了凸轮挤压运动过程,以减小冲击振动为目标,计算得出凸轮轮廓方程。试验结果表明,挤压机结构简单,工作可靠,且关键部件的设计能够满足秸秆包装容器的挤压工艺要求。

M. Fu 等[78]通过理论分析及有限元仿真研究了模孔参数对原料压块成型的影响。研究结果表明,随着模孔锥角、长径比的增加,物料在模孔内所受到的最大压强也增大,物料在模孔中经压缩、成型、保型后即具有稳定的形状。通过正交试验确定了玉米秸秆成型的最佳参数组合为长径比 6:1、含水率 15%、粒度 5 mm、锥角 10°。试验研究结果表明,秸秆压块的松弛密度受模孔长径比、物料含水率、原料粒度、锥角等因素影响,其中模孔长径比对成型效果的影响最为显著。物料含水率次之,模孔锥角影响最不显著。该试验结果可为秸秆压块成型机设计和成型工艺参数优化提供理论依据及指导。试验模具结构如图 1 - 7 所示。

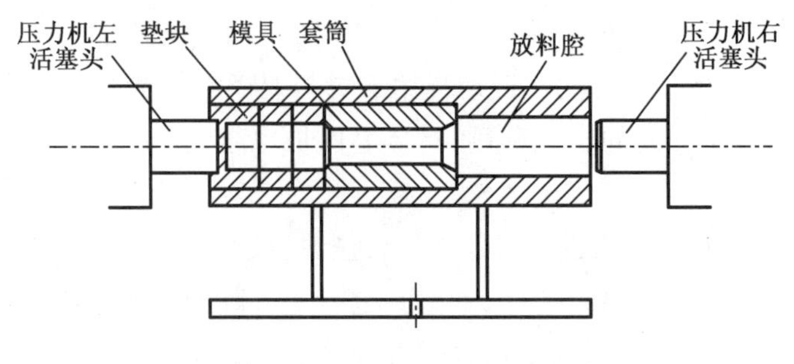

图 1 - 7　试验模具结构示意图

W. Gao 等[79]研究了环模造粒机不同结构设计对环模疲劳破坏的影响。首先确定了机器的主要设计参数,基于 Pro/Engineer 软件建立环模造粒机的三维模型(图 1 - 8),并通过 Mechanism/Pro 将模型转移到 ADAMS 软件中进行模拟仿真。仿真结果表明,四辊设计的应力幅值最小,因此对四辊环模造粒机进行生产加工,并使用玉米秸秆进行制粒试验,试验结果表明四辊环形造粒机使用耐久性满足欧洲标准。

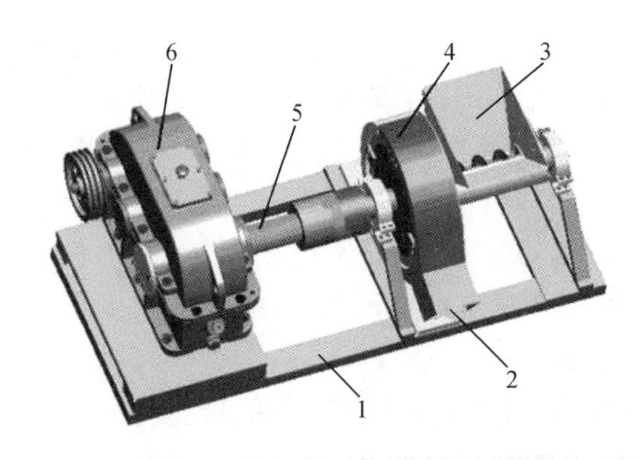

1—机架;2—出料口;3—喂料口;4—环模封面;5—轴承;6—齿轮箱。

图 1 - 8　环模造粒机的三维模型

B. C. Liu 等[80]发现环模辊压成型机在使用过程中可靠性较差,因此通过有限元分析的方式对环模的长径比进行研究。他们分别在长径比为 4:1、5:1、6:1 三种情况下进行模拟仿真,结果表明三种模具中长径比为 5:1 的情况下模孔应力最小,最适合该设备的实际使用。

鲁海宁等[81-82]对生物质餐具成型模具进行了结构设计,如图 1 - 9 所示,并利用 ANSYS 对模具进行静力学分析、热分析及热 - 力耦合分析,以模具工作面温度差最小为目标,通过改变加热板有效加热面积及加热结构对模具进行优化。优化后的模具最高与最低温度差值为 3.116 ℃,保证模具在工作过程中满足成型质量要求。

赵佳蓓等[83-84]对生物质育苗钵成型模具进行设计，如图1-10所示，并充分考虑了育苗钵的生产工艺及原料配比，模具设计时运用定量给料技术、定位技术、热平衡技术及油缸组合技术，同时应用ABAQUS有限元分析软件对模具在实际生产条件下进行热-应力分析及热场分析，得出模具在实际生产条件下的应力-应变情况。结果表明，该模具具备一定生产能力，满足生产需求。

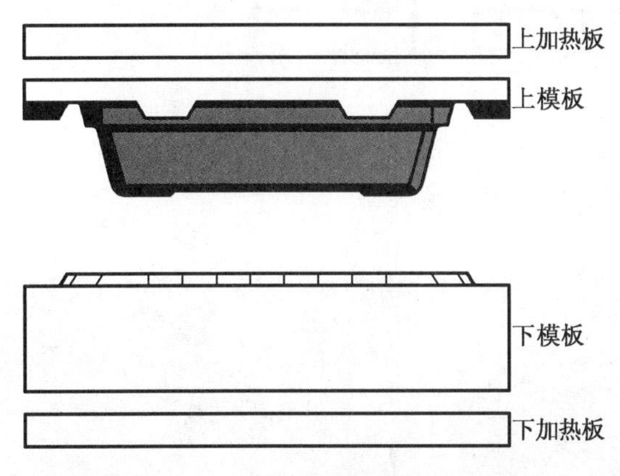

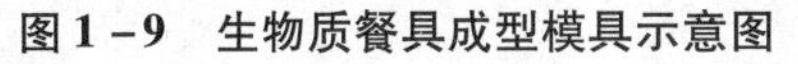
图1-9　生物质餐具成型模具示意图

图1-10　生物质育苗钵成型设备

张琳等[85]以Inventor为基础，对营养钵混料成型机部分结构进行三维参数化特征建模，同时对入料和搅拌等重要部件进行了虚拟装配及干涉检查，确定了核心部件和重要机构的尺寸参数与结构形式，为营养钵混料成型机的设计优化提供了依据。

陈雪等[86-87]对营养块成型机的整机结构进行设计，介绍了营养块成型机的主要结构参数，并探讨了利用虚拟样机技术建立营养块成型机的动力学虚拟样机模型，论述了该机约束及载荷的实现方法，对营养块成型机的关键传动部件齿轮和工作台结构参数进行了动力学仿真研究，其计算结果对营养块成型机的设计具有重要指导作用。

刘洪杰等[88-89]开发了生物质育苗钵的成型设备，如图1-11所示，并对育苗钵装载成型设备的关键部件进行优化设计，利用该制钵机将玉米秸秆、小麦秸秆、黏结剂、膨化剂及水为原料，经充分混合后压制成型。该设备的开发应用为高效批量生产育苗钵奠定了基础。

左晓明[90]以有限元理论为基础，针对植物淀粉餐具成型模具在加热过程中温度分布不均问题，应用Pro/Engineer建立成型模具三维模型，如图1-12所示，利用ANSYS有限元分析软件分析模具温度场分布情况，以成型模具工作表面温度差最小为优化目标，以改变加热板有效加热面积的方式，通过三次迭代优化及数据分析，最终优化结果温度差达到2.434 ℃，为成型模具优化设计提供了理论基础。

周莉[91]以模具型腔为研究对象，在研究有限元理论的基础上，利用Pro/Engineer对模具进行数字化设计，建立型腔三维模型，利用有限元分析软件MSC. Patran中的MSC. Nastran模块对其进行分析(图1-13)，并得到等效应力图及位移图，确定模具型腔各部位应力状态及位移变化情况，为型腔疲劳寿命分析及可靠度计算提供了依据。

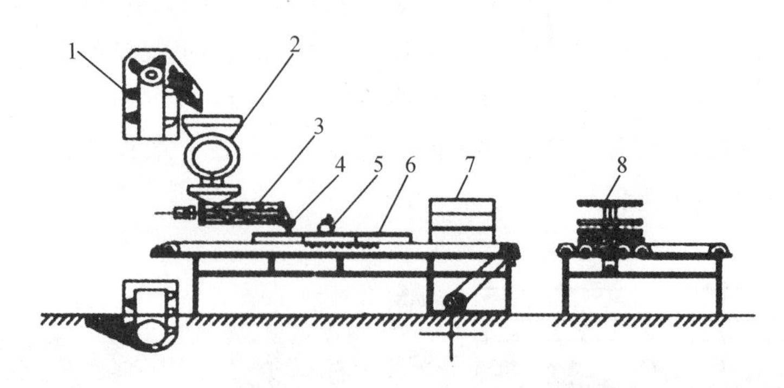

1—提升机;2—连续混料机;3—螺旋搅拌挤出器;4—注料器 5—压料滚;6—型模;7—干燥炉;8—脱模装置。

图 1－11　生物质育苗钵成型设备示意图

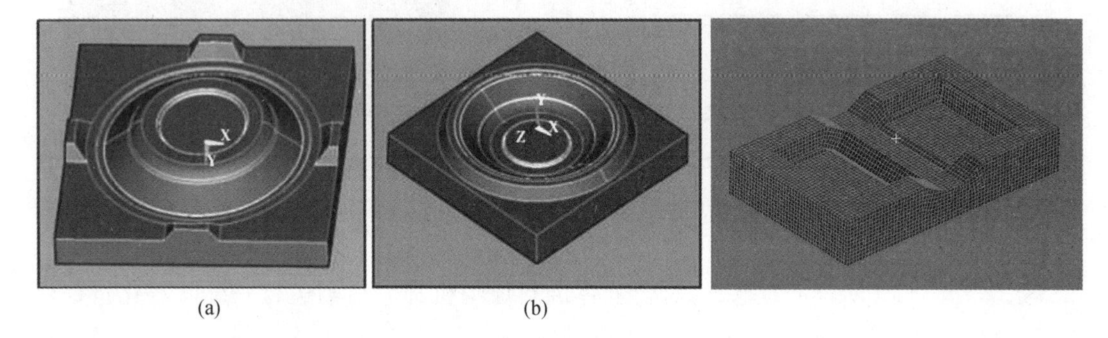

图 1－12　生物质餐具成型模具模型图　　**图 1－13　模具型腔网格划分**

综上所述,目前生物质成型方面主要以成型燃料机械研究为主,在其他行业也有部分应用。在成型装置设计过程中,可以通过建立成型设备关键部件三维模型缩短设计周期,并对成型装置关键部件进行仿真分析,提高机械使用寿命和可靠性,为成型装置的设计和优化提供理论依据。

1.3　研究的目的及意义

通过对国内外可降解育苗盘和木质素作为黏结剂研究现状进行分析可知:

(1)现有生物质育苗盘为满足育苗移栽强度需求,以及移栽后本田分解,在成型过程中均使用化学或生物黏结剂。化学黏结剂本田分解后的化学物质可造成环境污染,而现有生物质黏结剂则加工成本较高。

(2)目前木质素多在化学改性后作为黏结剂,主要用于工业生产,且国内外对木质素黏结机理的研究多集中于木质素改性方面,由于改性后木质素具备一定的化学污染性,并不适用于农业生产中。农业生产中针对生物质自体木质素在不改性条件下黏结机理的研究,通过使生物质自身木质素发挥黏结作用,使其可以利用自身木质素作为黏结剂黏结成型,是解决环境污染和成本问题的关键。

(3)生物质育苗盘制备过程中,利用自体木质素黏结机理进行育苗盘成型的工艺和流程还有待探索和研究。

1.4 研究的主要内容

1.4.1 木质素黏结机理研究

分析现有生物质成型和强度产生机理,根据木质素的成膜和黏弹特性,利用木质素玻璃化转变特性,研究生物质内木质素产生黏性的外界条件,结合生物质原料特点,研究生物质自体木质素黏结机理。

1.4.2 生物质育苗盘成型机理研究

在生物质自体木质素黏结机理基础上,根据生物质特性选择原料。以生物质内木质素产生黏性的外界条件为依据,研究生物质成型方式,通过电子显微镜扫描技术,从微观角度观察分析成型试块内木质素与纤维素黏结和物理结构重组现象,结合试块强度、膨胀率和遇水强度衰减试验结果,研究得到生物质育苗盘成型机理。

1.4.3 单孔生物质育苗盘成型原料压缩性能研究

查阅生物质成型相关资料,结合茄果类蔬菜育苗移栽农艺要求,对不同原料的组分进行分析,确定茄果类蔬菜生物质育苗盘的制备原料为发酵牛粪、发酵羊粪及水稻秸秆;分析成型过程中各因素对成型质量的影响情况,确定成型质量评价指标,进行成型物料压缩特性单因素试验,分析各因素对生物质育苗盘压缩特性的影响变化规律。

1.4.4 单孔生物质育苗盘成型技术分析及成型装置设计

分析散粒体物料的成型方式和成型工艺,结合课题组前期研究基础,确定研究中采用冲压成型方式和热压成型工艺;参考应用广泛的塑料育苗容器结构参数,结合茄果类蔬菜育苗移栽的农艺要求,设计生物质育苗盘结构和生物质育苗盘成型装置,利用 SolidWorks 三维设计软件建立成型装置三维模型,选择 Simulation 分析模块对成型装置进行热仿真分析,观察成型装置内部温度随时间的变化情况,并对成型装置进行改进设计,保证成型装置加热过程中内部温度场相对均匀一致。

1.4.5 单孔生物质育苗盘成型工艺参数试验研究

以成型原料压缩单因素试验为基础，分析影响育苗盘成型质量的主要因素；采用四因素二次正交旋转组合试验设计方案进行生物质育苗盘多因素成型试验；通过试验结果建立各影响因素与生物质育苗盘抗破坏强度和轴向伸长率的数学模型；分析各因素及其交互作用对成型质量的影响的主次顺序，并对试验结果进行综合优化；通过响应面分析法确定茄果类蔬菜制备生物质育苗盘的最佳工艺参数组合。

1.4.6 多孔育苗盘物理性能影响因素和试验研究

以生物质育苗盘成型机理研究为基础，用室温压缩和热压成型方式制备多种配比的生物质育苗盘，利用流体力学和传热学理论体系，通过试验研究，进行生物质原料配比、成型压强、成型温度、保压定型温度对生物质育苗盘强度、传热效率等物理性能影响规律研究。

1.4.7 多孔生物质育苗盘育苗移栽可行性试验验证研究

通过育苗移栽试验验证育苗盘成型机理，根据玉米生物质育苗盘育苗性能、育苗后力学性能及入土降解性能结果，分析并确定较佳成分配比和制备成型参数。

最后，做一点说明。关于育苗钵、育苗钵盘、育苗盘的定义如下：

育苗钵：单一穴孔的育苗容器；

育苗钵盘：多孔的育苗容器；

育苗盘：多孔或可进行多株秧苗育苗的育苗容器。

本书中，第3～5章为对育苗钵成型机理及方式的研究；第6～8章为对育苗盘成型机理及方式的研究。育苗钵与育苗盘在使用中并不做严格区分，且两种形态对本书所要阐述的结论无影响。

第2章 生物质自体木质素黏结机理研究

2.1 生物质物料压缩成型机理

查阅相关文献可知,目前对生物质物料不添加外部黏结剂成型的机理研究较少,现有的研究主要针对结构简单的生物质制备颗粒,而功能性生物质材料多使用黏结剂进行黏结成型,现有成型机理研究总结如下。

2.1.1 黏结机理

农业作物生物质的组成成分主要包含木质素、纤维素以及半纤维素等三种。其中,当加热温度增加到临界点时木质素独具的玻璃化转变特征将会产生良好的黏结力。由此可知,木质素在生物质压制成型时可作为黏结剂起到黏结作用,在材料被压缩期间,木质素起到重要的黏结作用,最终使物料颗粒结合成型。

2.1.2 粒子间碰撞变形成型机理

物料杂乱堆放时存在一定的空隙率,每个颗粒相互作用易产生较大的空隙。当物料被压缩成型时,每个颗粒之间存在的空隙会因压力作用而有所变化,此时离散的颗粒会进一步组合排序,而已相互接触的颗粒也会因此产生位移变化。将物料填满模具后,颗粒会产生弹性变形,原有颗粒的位置变化会导致颗粒的物理结构被破坏,实现充分填充。当压力增加时,颗粒间存在的空隙率会逐渐减小,有利于提高模具中物料的填充密度。物料颗粒由于压力作用增大而产生塑性变形时,便无法恢复至之前的结构,即可以此成型。

因此,生物质成型可以依靠木质素黏结或粒子间碰撞,前者需要生物质物料达到木质素玻璃化转变温度,后者需要对生物质物料进行压缩。

2.2 生物质物料压缩强度产生机理

查阅相关资料可知,生物质压缩后的强度来自黏结力、物料纤维结构、堆叠后物料间摩擦力以及镶嵌力等多个方面,德国学者 H. C. H. Rumpf 等[92]通过研究发现,粒子压缩后的强度包括黏结力、粒子间吸引力、碰撞力、表面张力、固态桥接力以及毛细管力等。较小的物料粒子在一定的作用下会形成另外一种状态,其中在液体架桥剂的黏结下会合成粒子核。少量的粒子核在相互作用力的影响下,伴随着碰撞且无规则运动,利用黏结剂功能进行黏结,重新组成较大颗粒。颗粒间在相互碰撞作用下形成新的细小颗粒,再进一步组合成新的颗粒。而碰撞后产生的小颗粒还会黏附在其他颗粒上。微观状态下的芯粒子在吸力作用下可吸引其环绕层附近的细末状粒子,从而逐渐形成较大的颗粒。通过对生物质物料进行压缩,使其内部结构产生堆叠镶嵌、桥接等,从而使其产生一定强度。

2.3 农业生物质特点

生物质的定义多种多样,在学术领域其被定义为生物借助光合作用产生的有机化合物[93]。生物质主要来自动植物体内的有机物、人类生活中产生的废弃物以及生活污水等。农业生物质废弃物主要由有机物和无机化合物结合而成,主要分为动物性生物质废弃物和植物性生物质废弃物两种类型,其中植物性生物质废弃物,如壳类、禾类以及谷类等农作物的秸秆,主要由纤维素、半纤维素和木质素构成;动物性生物质废弃物主要有动物尸体、毛发以及排泄物等。

2.4 生物质育苗盘制备原料的选择

2.4.1 育苗盘制备原料确定的原则

本研究中的生物质玉米育苗盘在满足玉米移栽的前提下,同时具备可随苗一同移入田间且还田后可完全降解的性能,因此所选物料需要具备如下特点。

1. 不外加黏结剂可成型

通过前文生物质物料压缩成型机理和压缩强度产生机理的研究,若要满足生物质物料自体黏结成型并通过压缩的方式产生强度，选择的物料中须含有木质素和纤维素——木质素起黏结成型作用，纤维素为成型后的物料提供强度。

2. 无污染可降解

所选物料在移栽一段时间后可在土壤中逐渐降解，降解后对土壤不会造成污染，因此其组成成分应为有机物，在降解过程中对土壤不产生有害影响，同时可提高土壤中的微量元素含量。

3. 价格低廉易获取

为降低育苗盘制备成本，促进后期推广，需要选取价格低廉，同时在黑龙江地区易于获取且方便运输的原料。

2.4.2 育苗盘制备原料的选择

综合分析目前应用较多的育苗盘或钵体材料，以塑料为原料制备的育苗盘在机械化移栽时无法随秧苗一同移栽到田间，导致相配套机械化移栽装置机械结构较为复杂，不利于玉米育苗移栽技术全程机械化的推广；以耐水纸为原料的育苗盘为了满足育苗后的强度需求，在纸质材料内部加有一层隔水薄膜，该薄膜材质为塑料，入土后无法降解，虽然塑料成分并不多，但长期使用随着用量累积仍会对土壤造成白色污染。由于塑料和纸质原料在自然环境中降解存在一定的局限性，所以这两种材料均不能用于生产生物质育苗盘。通过分析生物质育苗盘的生产工艺性，需要选取具备高木质素、纤维素含量的原料作为制备生物质育苗盘的原料。

农业生物质废弃物中动物性生物质废弃物主要为畜禽粪便，包括牛羊粪、猪粪以及禽类粪等。植物性生物质废弃物主要为农作物秸秆，玉米和水稻是黑龙江地区的主要粮食作物，因此黑龙江地区玉米秸秆和水稻秸秆农业生物质废弃物储量巨大。木质素和纤维素在牛粪、羊粪、猪粪、鸡粪、玉米秸秆和水稻秸秆中的含量见表 2－1[94]。

表 2－1 几种畜禽粪便及玉米秸秆、水稻秸秆的化学组成 （单位：%）

类别	中性洗涤剂溶解物（ND）	半纤维素	纤维素	木质素	灰分
猪粪	51.42 ±6.05	22.83 ±4.02	13.42 ±1.45	5.67 ±1.87	6.67 ±3.57
牛粪	26.00 ±10.21	22.89 ±8.18	18.44 ±0.69	26.20 ±4.69	11.67 ±2.65
鸡粪	55.44 ±1.02	24.33 ±0.33	3.56 ±2.59	15.44 ±0.51	4.00 ±1.20
羊粪	40.50 ±4.48	22.97 ±5.61	6.57 ±0.75	25.35 ±6.06	7.22 ±4.28
玉米秸秆	18.58 ±1.13	43.01 ±1.51	22.82 ±1.21	15.59 ±0.84	4.70 ±1.26
水稻秸秆	17.51 ±1.08	37.61 ±1.42	41.65 ±2.23	15.12 ±1.27	12.2 ±1.70

通过表中数据可以看出，牛粪和羊粪中含有较高的木质素，含量分别为 26.20% ±4.69% 和 25.35% ±6.06%。据黑龙江省统计局数据显示，2017 年黑龙江地区肉牛和奶牛养殖总数达到 489.3 万头，牛粪资源丰富。从粪便获取难易程度上看，羊的养殖主要是放

养,牛的养殖多为规模化养殖,规模化养殖中会对牛粪进行集中清理和堆放,因此牛粪比羊粪更容易获取。水稻秸秆中含有41.65% ±2.23%的纤维素,在几种生物质废弃物中含量最高。2017年黑龙江地区水稻种植面积为394.9万公顷,产生大量的水稻秸秆。因此,根据木质素和纤维素的含量,选取牛粪和水稻秸秆作为生物质原料,原料中木质素主要由牛粪提供,纤维素主要来源于水稻秸秆。同时牛粪和水稻秸秆均可在自然环境中完全降解且不会对土壤造成化学污染,故采用牛粪和水稻秸秆(后文中提到的秸秆均指水稻秸秆)作为玉米生物质育苗盘制备原料,符合选择原料的无污染可降解原则。

2.5 生物质自体木质素黏结机理研究

2.5.1 木质素物理特性

通过前文生物质物料成型机理,以牛粪和水稻秸秆作为原料的生物质物料,在不外加黏结剂的前提下成型,其黏结成型主要依靠生物质自身所含木质素发挥其黏结物理特性。而植物类型不同,是木质素存在差异的原因之一,这将会影响其物理特性,同时木质素的提纯方式也是影响其特性的另一个原因。由此可知,影响木质素物理特性多样性的因素并不单一。其中木质素物理特性与如下5个因素有关:普通物理特性、微观相对分子质量、分子运动形式、一定液体浓度下的水溶性以及加热特性。常见的木质素是一种偏白或者无色的材料,但可通过改变分离方式制备出其他颜色的木质素。F. E. Brauns[95]的研究中木质素是一种乳白色的物质,与其相反,过碘酸盐木质素、铜氨木质素以及酸木质素却呈现深色。动物排泄物中自然态木质素以黑色和棕色两种颜色为主,可通过化学方式改变木质素相应特性,将较深的木质素变浅至白。木质素的几大物理特性如下。

1.溶解性

因为木质素化合物的相对分子质量较大以及亲液性原子较少,导致其在各种液体中的溶解能力较低。因此,生物质本身所包含的木质素在遇水后并不会随水溶解,即较干的生物质放置于水中,木质素不会因此而分解。木质素属于聚集体混合物,分子之间存在较多氢键、极性基团以及羟基,由于这些分子具有较强的稳定性,使得木质素不易溶于各种溶液。然而,木质素也存在可溶特性,当木质素化学分离过程中产生相应的缩合和分解时,其物理特性会发生变化,在一定程度上溶解性也产生相应变化。从宏观分析,木质素能否溶解于液体中取决于液体的溶解参数;从微观分析,木质素本身的氢键稳定性也是影响溶解的重要因素。由于木质素分子化学式中酚羟基和羧基普遍存在,使得其可在强碱性液体中溶解。利用稀释的吡啶、醇类、丙酮以及二氧六环等液体作用于有机溶剂或者Brauns木质素,同时向混合液中滴入少量水也可使木质素溶于液体中。通常生物质中存在的木质素是一种未经化学分离的物质，不溶于水和通常溶剂，因此利用生物质内木质素黏结成型的结构，理论上可有效抵抗水的溶解渗透对成型后生物质材料强度的破坏。

2. 热塑性及热稳定性

根据文献研究可知，木质素属于相对分子质量高且具有可热塑性的材料，无法判断其稳定的熔点，同时存在软化点以及玻璃化转变温度等。当木质素的玻璃化转变温度未达到转化值时，微观中的分子碰撞将会被压制，使其形成玻璃固体。当加热温度超过其转化温度时，木质素将呈现无规则的运动碰撞，同时软化其玻璃状固体，使其表面形成黏结力。影响木质素玻璃化转变温度的因素多种多样，不仅与外界因素（如动植物类型、化学提纯方式）有关，而且与木质素本身微观状态下的相对分子质量有关。当木质素相对分子质量提高时，软化点与玻璃化转变温度也随之升高。通过进一步研究可知，影响木质素玻璃化转变温度的主要因素有两种：其一为分子间的相互影响，根据公式推理，分子间相对位置及连接方式与木质素玻璃化转变温度之间具有线性关系；其二为木质素的干湿状态，木质素中的水分作为一种增塑剂会影响其转变温度。

木质素属于一种芳香环结构，每个基团之间存在大量氢键，导致其热塑性较稳定。李梦实和武书彬的研究中，当木质素加热到一定程度时（80～120 ℃），可导致其软化，产生黏性；当加热温度在140～170 ℃时，可以提高木质素的软化特性，从而增加其黏结力；当木质素处于200～300 ℃时，其溶解性较大，木质素在240 ℃时出现吸热熔融峰，在330 ℃时开始热分解。

木质素不溶于水且具有疏水成膜的物理性质，因此利用木质素成型后的生物质应具有一定的耐水性，以降低水对育苗后生物质育苗盘强度的破坏。根据木质素的热塑性和热稳定性，利用自体木质素作为生物质成型的黏结剂，对生物质加热温度应高于170 ℃，使其内部木质素达到玻璃化转变温度得以软化并产生黏性，且温度应低于330 ℃，防止木质素热解失效。而考虑到纤维素在超过270 ℃后会发生热解，因此初步确定生物质物料加热的温度范围为200～270 ℃。确定了温度范围，还需要对生物质利用自体木质素黏结成型的可行性进行研究。

2.5.2 生物质自体木质素黏结可行性试验研究

1. 试验目的

验证选定的生物质原料在不添加外部黏结剂的前提下，在达到木质素玻璃化转变温度后，能否通过其自身所含木质素发挥黏结作用使生物质物料成型，同时验证在加热压缩的条件下，生物质内木质素能否被挤压析出使其成膜疏水物理性能发挥作用。

2. 试验材料

牛粪（取自黑龙江省安达市贝因美工业化乳牛养殖基地）、水稻秸秆（取自黑龙江八一农垦大学农学院水稻试验田）。

3. 试验材料成分测定

为检验牛粪、秸秆等农业废弃资源中的主要化学成分（纤维素及木质素），首先需要测定选取的牛粪、水稻秸秆中木质素、纤维素和半纤维素的含量。

(1)木质素、纤维素和半纤维素测定原理

①木质素

用不超过1%的醋酸将待处理的牛粪及秸秆进行分离处理，提取原料中的可溶性化合物(糖、有机酸等)，处理完毕，用丙酮进行其他脂溶性化合物(脂肪、拟脂、叶绿素等)的分离。经过两项处理之后，用蒸馏水洗去杂质，同时使木质素处于强酸条件下，最终利用强氧化剂对其进行处理，化学反应方程式为

$$C_{11}H_{12}O_4 + 8K_2Cr_2O_7 + 32H_2SO_4 = 11CO_2 + 8K_2SO_4 + 8Cr_2(SO_4)_3 + 38H_2O \quad (2-1)$$

所有处理完毕后，用硫酸亚铁铵溶液中和过剩的重铬酸钾，通过二者之间的相互滴定进行消耗，化学反应方程式为

$$K_2Cr_2O_7 + 6Fe(NH_4)_2(SO_4)_2 + 7H_2SO_4 = 3Fe_2(SO_4)_3 + Cr_2(SO_4)_3 + K_2SO_4 + 6(NH_4)_2SO_4 + 7H_2O \quad (2-2)$$

②纤维素

牛粪和水稻秸秆加热的情况下用醋酸与硝酸混合液营造酸性较强的环境，将细胞壁完全溶解。在此基础上，相互交织的纤维素将被分解成单个纤维，与此同时，其他的物质将被消除，并水解糖类、淀粉等化合物。用蒸馏水洗去杂质，同时使纤维素处于强酸条件下，再利用重铬酸钾进行化学反应，反应后生成水和二氧化碳。

$$C_6H_{10}O_5 + 4K_2Cr_2O_7 + 16H_2SO_4 = 6CO_2 + 4Cr_2(SO_4)_3 + 4K_2SO_4 + 21H_2O \quad (2-3)$$

反应器皿中剩余的重铬酸钾往往利用硫酸亚铁铵试剂进行中和，方法和测定木质素相同。

③半纤维素

将80%的硝酸钙溶液加热至沸腾，沸腾过程中加入淀粉溶液，进而将半纤维素溶液等溶于水的碳水化合物去除，排除其对试验的干扰。用蒸馏水清洗杂质并过滤，用高浓度盐酸溶液进行半纤维素的中和，将得到的糖溶液进行稀释，并用碱性溶液(氢氧化钠溶液)进行中和，将含有的糖分化合物进一步稀释，同时利用强碱液体对其进行处理，最后借助铜碘法对总糖量进行测定。

用铜碘法测定总糖量时，将半纤维素在碱性环境下水解成糖，并将铜元素从二价还原成一价，在器皿中生成氧化亚铜，可利用碘滴定求出氧化亚铜的生成量，从而以间接的方式求得半纤维素的纯量。

与此同时，还可通过滴加碘酸钾和碘化钾进行还原性糖的测定，在酸性条件下发生反应，在不干扰铜离子的化学反应条件下生成碘，化学反应方程式为

$$KIO_3 + 5KI + 3H_2SO_4 = 3I_2 + 3K_2SO_4 + 3H_2O \quad (2-4)$$

添加草酸溶剂，碘与氧化亚铜混合将发生氧化反应，化学反应方程式为

$$Cu_2O + I_2 + H_2C_2O_4 = CuC_2O_4 + CuI_2 + H_2O \quad (2-5)$$

未反应完全的碘可以借助硫代硫酸钠溶剂进行去剩反应，化学反应方程式为

$$2Na_2S_2O_3 + I_2 = Na_2S_4O_6 + 2NaI \quad (2-6)$$

(2)试验所需试剂和仪器

试验会用到50 mL 酸式和碱式滴定管、一个电热炉和离心沉淀器、若干个10 mL 普通离心管、300 mL 锥形瓶以及多种型号烧杯等。所用试剂见表2－2。

表2－2 试验所用试剂

编号	试剂	分子式	纯度级
1	硫酸亚铁铵	$Fe(NH_4)_2 \cdot (SO_4)_2$	分析纯
2	重铬酸钾	$K_2Cr_2O_7$	分析纯
3	硫代硫酸钠	$Na_2S_2O_3$	分析纯
4	硝酸钙	$Ca(NO_3)_2$	分析纯
5	硫酸铜	$CuSO_4$	分析纯
6	碘化钾	KI	分析纯
7	可溶性淀粉	$(C_6H_{10}O_5)_n$	分析纯
8	氯化钡	$BaCl_2$	分析纯
9	三(4,7－联苯－1,10－邻菲啰啉)二氯化钌	$C_{72}H_{48}Cl_2N_6Ru$	分析纯
10	丙酮	C_3H_6O	分析纯
11	碘酸钾	KIO_3	分析纯
12	草酸	$C_2H_2O_4$	分析纯
13	酒石酸	$C_4H_6O_6$	分析纯
14	浓硫酸	H_2SO_4	分析纯
15	盐酸	HCl	分析纯
16	冰醋酸	$C_2H_4O_2$	分析纯
17	硝酸	HNO_3	分析纯
18	酚酞	$C_{20}H_{14}O_4$	分析纯

(3)试验步骤

①木质素含量的测定

所用试剂有2%的醋酸和丙酮混合溶剂,0.2 mol/L 的硫酸亚铁铵溶液,72%的强酸溶液,10%左右的氯化钡溶剂,0.6 mol/L 硫酸－重铬酸钾混合物以及试亚铁灵指示剂等。试验过程如下:

a. 令 K 为滴定度,将硫酸亚铁铵溶液调配为0.1 mol/L。

b. 分别称取自然风干的牛粪和水稻秸秆粉末各0.1 g,用 n 表示。

c. 将称取后的牛粪和水稻秸秆粉末用离心管装取,分别滴加10 mL 1%的醋酸,经过5 min的摇晃使其混合均匀。

d. 离心,弃去上层清液。沉淀用5 mL 1%的醋酸浸泡洗涤,离心,弃去上层清液。

e. 向试管内缓慢加入3～4 mL 丙酮试剂,浸泡的过程中均匀摇晃。

f. 将沉淀物用玻璃器具沿管壁全部均匀分散开，为防止沉淀物溅出，将离心管中的沉淀物在沸水中加热，使其充分干燥。

g. 向沉淀物中滴加 3 mL 73% 的硫酸溶液，进行充分搅拌，再制作成浆絮状。

h. 将混合液在常温下静置 17 h，促进纤维素溶解。

i. 静置之后的纤维素溶解后，倒入蒸馏水 10 mL，并且充分搅拌，再移到沸水（100 ℃）中静置 5 min。

j. 将其从沸水中取出，利用试管将浓度为 10% 的氯化钡溶液滴入其中 0.5 mL，同时充分搅拌，接着放入离心管进行离心处理，上层的清液弃去，用蒸馏水清洗沉淀物，并摇晃均匀。

k. 将 10 mL 0.5 mol/L 的硫酸－重铬酸钾溶液缓缓滴进沉淀物之中，并将试管缓慢放入 80℃ 水浴中冷却 15 min，其间定时搅拌。

l. 冷却后离心管中会析出一定内容物，将其中物质全部倒进锥形瓶内，后使用 10～15 mL 的蒸馏水对锥形瓶中沉淀物进行冲洗。后用胶头滴管放入几滴试亚铁灵指示剂，同时加入 6 mL 0.1 mol/L 的硫酸亚铁铵试剂，从外观可观察出混合液体由黄色变为黄绿色，最后转化为红褐色。

m. 对照试验：以试亚铁灵试剂为指示剂，用 0.1 mol/L 的硫酸亚铁铵溶液单独滴定 10 mL 0.5 mol/L 的硫酸－重铬酸钾溶液。

n. 生物质中木质素的含量计算公式如下（木质素的标准滴定度为 0.004 33 g/mL）：

$$x = 0.00433K(a-b)/n \tag{2-7}$$

式中 x——木质素含量，%；

K——硫酸亚铁铵溶液的滴定度，g/mL；

a——滴定 10 mL 0.5 mol/L 的硫酸－重铬酸钾对照液所消耗的 0.1 mol/L 硫酸亚铁铵溶液，mL；

b——木质素测定所消耗的 0.1 mol/L 硫酸亚铁铵溶液，mL；

n——分析材料样品质量，g。

②纤维素含量的测定

所用试剂有将硝酸和醋酸两大酸性液体按照 1∶1 充分混合后所得到的混合液，0.6 mol/L 的硫酸－重铬酸钾试剂，浓度较高的强酸，0.2 mol/L 的硫酸亚铁铵溶液，试亚铁灵指示剂，0.1 mol/L 的重铬酸钾溶液。试验过程如下：

a. 调配试验所用混合溶液，提前放置 0.2 mol/L 的硫酸亚铁铵溶液，同时当场测试其滴定度 K。取 25 mL 0.100 0 mol/L（精确到小数点后四位，真实浓度设为 c）的重铬酸钾溶液，加入 5 mL 浓硫酸和 3～5 滴试亚铁灵指示剂，用配比好的硫酸亚铁铵溶液滴定，用量为 m。

$$K = 25c/m \tag{2-8}$$

b. 取干燥后的生物质粉末 0.05～0.06 g，用 n 表示。

c. 将生物质粉末缓缓倒入特定离心管内，加入硝酸和醋酸的混合液 5 mL。

d. 用棉塞将离心管密封，放入沸水中 25 min，其间要进行搅拌。

e. 进行离心分离，弃去清液，使用离心洗涤沉淀的方法进行加工，向其中加入蒸馏水，分别洗涤3次（10 mL×3）。

f. 分离出沉淀物，向沉淀物中添加10 mL 0.5 mol/L的硫酸－重铬酸钾溶液，使沉淀缓慢溶解。对溶液进行均匀搅拌，放入沸水中水浴10 min，并定期搅拌。

g. 冷却，倒入洁净的250 mL锥形瓶中，使用10～15 mL的蒸馏水对锥形瓶中的残留物进行洗涤，静置一段时间，待瓶中液体冷却以后用胶头滴管放入少许试亚铁灵指示剂，进而利用滴定法滴入0.2 mol/L的硫酸亚铁铵溶液，进行中和反应，用量为b。此时试管中溶液颜色由黄色变成黄绿色。

h. 对照试验：选取10 mL 0.5 mol/L的硫酸－重铬酸钾溶液，加入5 mL蒸馏水稀释到15 mL，放于室温静置到冷却后滴入3滴试亚铁灵指示剂，最后用滴定法滴定0.2 mol/L的硫酸亚铁铵溶剂，用量为a。纤维素的标准滴定度为0.006 75 g/mL。

i. 动植物生物质材料在试验中的纤维素纯量求解公式为

$$x = 0.006\,75K(a-b)/n \tag{2-9}$$

式中 x——纤维素含量，%；

K——硫酸亚铁铵滴定度，g/mL；

a——滴定10 mL 0.5 mol/L的硫酸－重铬酸钾对照液所消耗的0.1 mol/L硫酸亚铁铵溶液，mL；

b——纤维素测定所消耗的0.1 mol/L的硫酸亚铁铵溶液，mL；

n——分析材料样品质量，g。

③半纤维素含量的测定

所用试剂有2 mol/L的盐酸，2 mol/L的氢氧化钠溶液，0.5%的淀粉，碱性铜试剂，酚酞指示剂，草酸－硫酸混合液，0.01 mol/L的硫代硫酸钠溶液，80%的硝酸钙溶液等。具体试验步骤如下：

a. 取自然干燥后的生物质粉末0.1～0.2 g，用n表示。

b. 将一定量的生物质粉末加入烧杯，接着倒进15 mL浓度约为80%的硝酸钙溶液，完成后封闭烧杯口，同时将其放到酒精灯上加热至沸腾，所用时间约为5 min。加热烧杯内溶液至轻微沸腾后，缓缓倒入20 mL的蒸馏水并重新密封烧杯，之后进行分步离心，后使用10 mL温水洗涤，并静置沉淀，重复3次（10 mL×3）。

c. 分离沉淀物，于沉淀物中加入10 mL 2 mol/L的盐酸，搅拌均匀。使用水浴法加热（80 ℃），同时缓缓搅拌，使烧杯内溶液微沸45 min，观察半纤维素是否全部水解。

d. 对试验材料进行离心，剩余未反应材料使用少许蒸馏水清洗3次，离心后的混合溶液一同倒入之前的酸性离心液中混合。

e. 在b步所得溶液中滴2滴酚酞指示剂，同时滴入2 mol/L的氢氧化钠溶剂进行中和反应，直至溶液颜色显现橙红色。

f. 将烧杯中溶剂倒入100 mL中型容量瓶中，进行中和反应，直至溶液液面与容量瓶的刻度平齐。

g. 利用较干的滤纸将容量瓶中的溶剂过滤到干燥的烧杯里，将滤出的废弃溶液倒掉。

h. 使用胶头滴管吸取 10 mL 过滤溶液到普通试管中，同时向普通试管中倒入 10 mL 碱性溶液，将试管用棉塞堵住，使用水浴法（80 ℃）加热 15 min。

i. 对物料进行冷制，在持续搅拌下匀速倒入 6 mL 强酸溶液，再倒入 0.5 mL 浓度为 0.5% 的淀粉溶液，最后使用 0.01 mol/L 的硫代硫酸钠溶剂进行稀释，直至溶液呈现蓝色，硫代硫酸钠用量为 b。

j. 对照试验：选用 10 mL 碱性铜试剂，倒入 5 mL 草酸－硫酸等强酸溶液，添加 0.5 mL 浓度为 0.5% 的淀粉溶液，同时滴入未加热的 10 mL 过滤溶液，用 0.01 mol/L 的硫代硫酸钠溶液滴定，直至蓝色消失，用量为 a。半纤维素的换算系数为 0.009。

k. 生物质中半纤维素的含量计算公式为

$$x = 0.009 \times 100 \times [249 - (a - b)](a - b)/10\,000 \times 10n \tag{2-10}$$

式中 x——半纤维素含量，%；

n——分析材料样品质量，g；

a——滴定对照液所消耗的 0.01 mol/L 硫代硫酸钠溶液，mL；

b——滴定分析液所消耗的 0.01 mol/L 硫代硫酸钠溶液，mL。

（4）成分测定试验结果

测得牛粪和水稻秸秆中木质素、纤维素和半纤维素含量见表 2－3。从表中可以看出，选取的牛粪木质素含量为 26.43% ±0.46%，水稻秸秆纤维素含量为 39.35% ±0.31%。

表 2－3　牛粪和水稻秸秆中木质素、纤维素、半纤维素含量　（单位：%）

指标	牛粪	水稻秸秆
木质素	26.43 ±0.46	14.72 ±0.26
纤维素	17.67 ±0.72	39.35 ±0.31
半纤维素	21.10 ±1.41	36.08 ±0.72

4. 试验设备

（1）液压活塞压力机

由前文生物质物料压缩成型机理可知，需要通过压缩使生物质成型和产生强度，因此试验中使用浙江省台州市翔阳机械厂生产的液压活塞压力机对物料进行压缩（图 2－1），该设备型号为 YJ－1000，最大压力为 1 000 kN，对应液压表显示 25 MPa，工作量程为 0 ~ 500 mm，试验时利用单液压缸升长与压缩原理来控制模具成型生产，实现物料的压缩过程。

（2）生物质试块压制模具（自制）

压缩试块用的模具由底板、钢制圆环料框和活塞压缩柱组成（图 2－2）。为使生物质物料升温达到木质素玻璃化转变温度，模具采用与圆环料框外壁尺寸相同的陶瓷加热圈对料框进行加热（图 2－3），陶瓷加热圈技术参数见表 2－4。通过参数可知陶瓷加热圈加热温度为 250 ℃ ±10 ℃，满足使物料内木质素达到玻璃化转变温度的要求。

图 2－1 液压活塞压力机

图 2－2 生物质试块压制模具

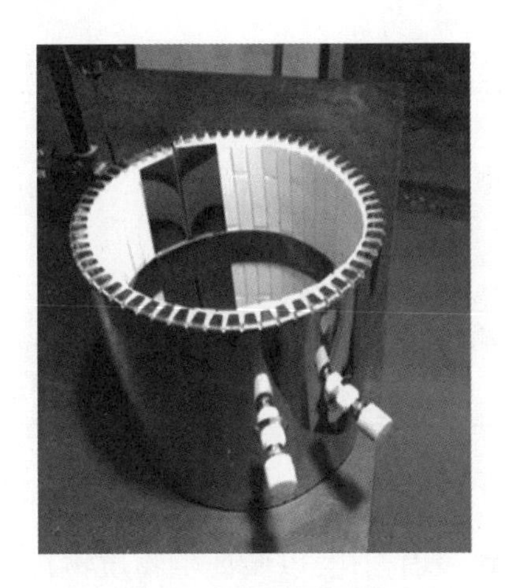

图 2－3 陶瓷加热圈

表 2－4 陶瓷加热圈技术参数

指标	参数
工作电压	220 V
功率	1.8 kW
加热温度	250 ℃ ±10 ℃
内径	100 mm
加热区高度	120 mm

(3)接触角测量仪

为验证压缩后的生物质木质素是否被挤压并在生物质外成膜且具备疏水性，采用滴水检测的方法，通过测量滴水接触角并进行对比，可知木质素达到玻璃化转变后是否在生物质物料外形成木质素膜。因此，采用芬兰生产的型号为 Theta Lite 的 Biolin 型视频光学接触角测量仪(图 2－4)对成型后生物质试块外表面进行滴水接触角测量，仪器技术参数见表 2－5。

图 2-4 Biolin 型视频光学接触角测量仪

表 2-5 Biolin 型视频光学接触角测量仪技术参数

指标	参数
接触角测量范围	0°~180°
精度	±0.1°
分辨率	±0.01°
光源	单波长 LED 冷光源
波长范围	560 nm ± 10 nm

(4)扫描电子显微镜

为直观对比观察成型试块表面变化,以验证生物质物料内木质素软化后挤压析出现象,采用日本 JEOL 公司生产的 jcm-6000plus 扫描电子显微镜(图 2-5),其参数见表 2-6。成型试块需要进行喷金处理后,才可通过扫描电子显微镜成像,因此成型后试块采用日本 JEOL 公司生产的 DII-29030SCTR 离子溅射仪进行喷金处理。

(a)

(b)

图 2-5 jcm-6000plus 扫描电子显微镜

表 2-6　扫描电子显微镜技术参数

指标	参数
放大倍数	×10 ~ ×60 000
观察模式	高真空模式/低真空模式
加速电压	15 kV/10 kV/5 kV　3 挡切换
最大样品尺寸	直径 70 mm、高度 50 mm
工作距离	7 ~ 53 mm
自动功能	自动聚焦、自动消像散、自动衬度/亮度、自动电子枪对中
工作温度	15 ~ 30 ℃
工作湿度	60% 以下

5. 试块制备物料前处理

首先通过自然晾晒法处理水稻秸秆，待水稻秸秆自然风干到所要求湿度，控制含水率约为 15%（烘干法检测），之后将烘干的水稻秸秆放入锤片式粉碎机，将其粉碎到一定程度，粉碎后的茎秆长度为 5 mm ± 2 mm。取牛粪样品，将其放置于避光通风环境下阴干以降低含水率，阴干至牛粪呈团块状（含水率为 23% ± 1%）。将阴干后的牛粪和粉碎后的水稻秸秆（牛粪与水稻秸秆质量比为 90%，试验用质量比见式（2-11））放入搅拌机（冰城 BH-12.5，哈尔滨，中国），于转速 20 r/min 搅拌 10 min，至牛粪松散状态，松散度为 0.42 t/m^3（图2-6）。初次为试验制备的生物质物料的含水率为 21% ± 0.6%（烘干法检测）。

$$g = \frac{m_1(1-a)}{m_1(1-a)+m_2(1-b)} \tag{2-11}$$

式中　g——牛粪与水稻秸秆质量比，%；

m_1——牛粪质量，g；

m_2——水稻秸秆质量，g；

a——牛粪含水率，%；

b——水稻秸秆含水率，%。

图 2-6　处理后的生物质物料

6. 试验方案

利用生物质试块压制模具压缩生物质物料，并通过陶瓷加热圈对钢制圆环料框加热，通过热传导使模具内生物质物料达到木质素玻璃化转变温度。因木质素具有不溶水性和成膜性，所以对成型后的试块进行滴水接触角检测，通过对比室温压缩制备试块和加热压缩制备试块外表面的滴水接触角验证生物质物料内木质素是否析出。

7. 试验步骤

（1）室温环境下制备生物质试块

①在钢制圆环料框内放入 200 g 生物质物料；

②调整压力机压强为 10 MPa；

③启动压力机，压缩生物质物料；

④压缩过程停止后，保压 15 s 脱模。

（2）木质素软化温度环境下制备生物质试块

①将陶瓷加热圈套在钢制圆环料框外；

②在钢制圆环料框内放入 200 g 生物质物料；

③调整压力机压强为 10 MPa；

④启动压力机，压缩生物质物料，并接通陶瓷加热圈电源加热模具（加热温度 250 ℃）；

⑤通过红外线测温仪检测完全压缩后裸露的活塞压缩柱温度，待温度上升稳定后停止加热（活塞压缩柱稳定温度 213 ℃）；

⑥自然降温至钢制圆环料框外表面温度低于 50 ℃后脱模，降温过程中保持模具内压力。

8. 试验结果及检测

（1）生物质试块压缩成型试验结果与分析

生物质物料在室温环境下和木质素软化温度环境下均可压缩成型，成型裁剪后的试块如图 2－7 所示。试块 a 为室温环境下制备的生物质试块，试块 b 为 250 ℃加温条件下制备的生物质试块。经在室温和加温条件下压缩的生物质物料，均从松散状态成型为密实的生物质块。试块 b 相比试块 a 颜色较深，且试块 b 外表面质地更为平整。

(a)试块a

(b)试块b

图 2－7　生物质试块

前文所述,动物粪便中自然态木质素呈现黑色或棕色,因此热压成型的生物质试块表面呈现黑色可能是由木质素挤压后析出造成的。为确定是否为木质素析出,需要进行进一步的滴水接触角检测。

(2)滴水接触角检测结果

为直观对比生物质试块的疏水性,用胶头滴管在室温压缩成型和加热压缩成型试块表面各滴一滴水,刚刚滴水后的水滴姿态如图 2 – 8 所示,试块 a 为室温条件下压缩成型的生物质试块,试块 b 为加热压缩成形的生物质试块。从图中可以看出,试块 a 滴水后,水滴在试块表面迅速延展开,实际滴水过程中,水滴在滴入试块 a 表面 10 s 内就被试块完全吸收。试块 b 在滴水后,水滴在试块表面稳定且未明显延展,实际滴水过程中,水滴在滴入试块 b 表面几小时直至自然挥发后,均无明显渗入现象。

(a)试块a　　(b)试块b

图 2 – 8　生物质试块水滴姿态

水滴在试块 a 表面迅速渗入,说明室温条件下压缩成型的生物质试块内木质素未被挤压析出,没有在试块表面成膜。对加热压缩成型的生物质试块进行滴水接触角测量。滴水接触角测量仪检测结果如图 2 – 9 所示,从图中可以看出,生物质试块的滴水角为 59.455°,属于半疏水材料[96]。相比室温条件下压缩成型的生物质试块,其耐水性能明显提高。

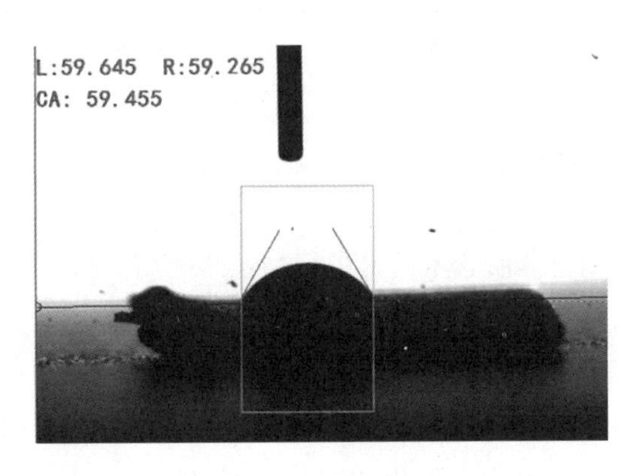

图 2 – 9　滴水接触角检测结果

(3)扫描电子显微镜检测过程及结果

分别取4 mm×4 mm室温条件下压缩成型和加热压缩成型的生物质试块表面样品,将样品剥离面朝上并用双面胶带粘贴在样品台上,放置于离子溅射仪中进行2×30 s的喷金处理。随后将喷金后的样品随样品台一起放置于扫描电子显微镜中进行观察。扫描电子显微镜的加速电压设置为15 kV。

扫描电子显微镜成像结果如图2-10所示。试块a为室温条件下压缩成型的生物质试块,试块b为加热压缩成型的生物质试块。试块a表面可以清晰看到物料被挤压镶嵌在一起,但镶嵌连接处有明显缝隙,试块b表面整体性较好,且裂纹较为细小。

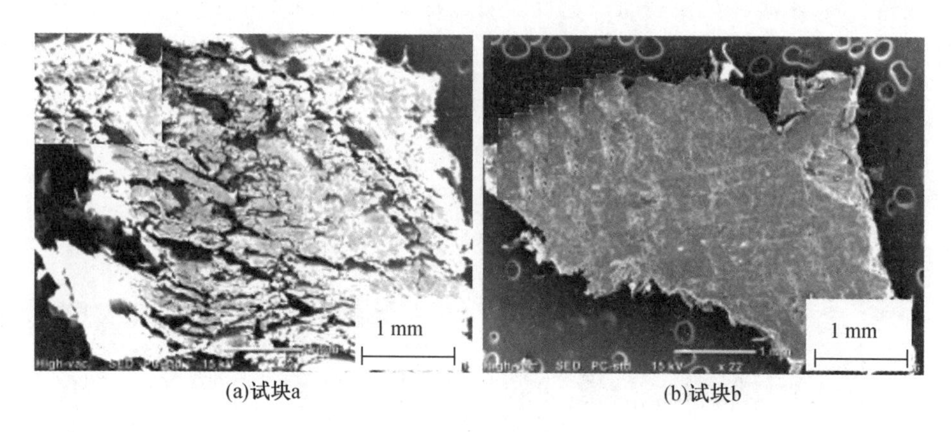

(a)试块a (b)试块b

图2-10 扫描电子显微镜成像结果

9. 生物质自体木质素黏结可行性试验结果分析

通过生物质试块试制试验结果可知,所选生物质原料在室温和加热条件下均可压缩成型,不同的是,相比室温条件下压缩成型的生物质试块,加热压缩成型的生物质试块具有较好的耐水性。通过扫描电子显微镜扫描试验结果可知,加热压缩成型的生物质试块表面密实,物料挤压过程中物料颗粒间相互挤压镶嵌后,相邻颗粒间的缝隙被木质素填充。由于木质素的疏水性,使加热压缩成型后的生物质物料具备一定的耐水性,降低了遇水后水对生物质成型材料强度的破坏。因此,初步确定在不外添黏结剂的前提下,通过加热压缩的方式可使生物质物料成型,并可提高成型生物质材料的耐水性。

2.5.3 生物质自体木质素黏结机理

综上所述,生物质利用自体所含木质素进行黏结并成型的机理具体分析如下。

首先,生物质物料受到压缩后,牛粪颗粒与秸秆间隙逐渐变小。随着木质素压缩程度增加,间隙内空气被挤压排出,物料被压实,牛粪颗粒与秸秆在挤压下变形并镶嵌在一起。

其次,随着温度升高,生物质物料内的木质素逐渐达到其玻璃化转变温度,木质素从脆性晶体形态逐渐被软化,随着木质素软化,被压实的生物质物料内牛粪颗粒与秸秆形变产生的内应力因其自身包含的木质素软化延展而逐渐减小。随着木质素液化加剧,木质素流动性提高，生物质物料内夹杂在纤维素和半纤维素间的木质素在压力的作用下，伴随着物料进一步压缩从纤维素和半纤维素间被挤压析出。接触模具内壁的生物质物料最先接受由模具传来的温度，成型物料外表面的木质素最先达到软化和液化的状态，因此在内部应力作用下，接触模具内壁的生物质物料内木质素最先被挤压析出，并填充生物质物料与模具内壁间的间隙，随着生物质物料内部越来越多的木质素加剧软化并达到液化，由内向外渗出的木质素在生物质物料与模具内壁间形成一层木质素薄膜。

最后，随着温度降低，被压缩的生物质物料温度低于木质素玻璃化转变温度，生物质物料内木质素失去流动性，并重新塑化成晶体状态，生物质成型材料外表面木质素层也固化稳定。在撤去压力后，生物质物料在其自体木质素黏结和包裹的双重作用下得以稳固定型。

2.6 本章小结

本章对生物质自体木质素黏结机理进行了研究，对现有生物质物料压缩成型机理和压缩强度产生机理进行了分析，结合黑龙江地区农业生物质废弃物特点，确定了用于制备生物质育苗盘的原料。分析了木质素物理特性，利用木质素物理特性进行了生物质自体木质素黏结可行性试验，通过试块滴水接触角检测和扫描电子显微镜成像结果分析，验证了生物质物料利用自身所含木质素黏结成型的可行性，并揭示了生物质自体木质素黏结机理，为下一步生物质育苗盘成型机理研究提供了基础。本章主要结论如下：

(1)分析了现有生物质物料压缩成型机理和压缩强度产生机理，根据现有机理初步确定了对生物质压缩并加热使其温度高于木质素玻璃化转变点后，可使生物质内木质素发挥黏结作用。

(2)分析了农业生物质特点，结合黑龙江地区常见农业生物质废弃物种类，以木质素和纤维素含量为依据，选取了牛粪和水稻秸秆作为玉米生物质育苗盘制备原料。

(3)进行了生物质自体木质素黏结可行性试验，试验结果表明，在250 ℃加温条件下压缩生物质物料可成型，且成型后的试块具备一定的耐水性。通过对生物质试块进行滴水接触角检测和扫描电子显微镜观察，验证了生物质物料成型及其表现出的耐水性是由木质素发挥其软化黏结和成膜疏水特性引起的。

(4)通过对生物质自体木质素黏结可行性试验结果的综合分析，揭示了生物质自体木质素黏结机理。

第3章　生物质育苗钵成型原料压缩性能分析

3.1　成型原料筛选及性能分析

制备茄果类蔬菜生物质育苗钵时初选常见的农业废弃物为主要原料，本章利用经过发酵的牛粪、羊粪及水稻秸秆作为成型原料，对其组成成分及特性进行分析，为确定合理的原料配比提供理论依据。

3.1.1　成型原料确定原则

试验制备的生物质育苗钵应满足茄果类蔬菜育苗农艺要求，具有一定的保水性、透水性和透气性，移栽时育苗钵可以与秧苗一同移栽至田间，且移栽至田间后，育苗钵可自然降解，成型原料自身成分、降解物质及降解过程对土壤和环境无害，且有利于作物的生长发育。在制备生物质育苗钵过程中，成型原料应容易成型，获取方便，价格低廉，对环境无污染，成型后在育苗期间有一定的保型能力，同时要满足运输、储藏等方面的强度要求。

3.1.2　成型原料筛选

目前，生物质育苗容器制备原料的种类较多，常见的原料有水稻秸杆、玉米秸秆、稻壳等，研究人员通过添加不同种类的黏结剂在压力作用下实现育苗钵压缩成型，另有其他学者利用草炭土直接压制育苗钵块用于蔬菜育苗。目前，黑龙江省农业废弃物处理问题十分严峻，若将各种农业废弃物加以合理利用，不仅可以降低其对环境的负面作用，还可以产生可观的经济效益[97-98]。农业废弃物根据产生来源可以分为动物性农业废弃物和植物性农业废弃物两大类，其中动物性农业废弃物主要为牛粪、羊粪、鸡粪、猪粪等动物排泄物，植物性农业废弃物主要为各种农作物秸秆。研究中结合课题组生物质育苗钵研究基础，查阅国内外相关文献、资料，发现农业废弃物中含有的木质素、纤维素及半纤维素在制备生物质制品过程中发挥主要作用。木质素被称作生物质内在黏结剂，在温度为 70 ~ 100 ℃时发生软化胶合，并产生一定的黏性，随着温度的升高，木质素发生熔融呈黏稠状液体，此时具有极高的黏性[99]；纤维素是植物细胞壁的主要成分，在生物质成型过程中发挥“钢筋骨架”的作用,在木质素黏结作用下,纤维素间相互缠绕,并连接成为较好的网状丝络将原料颗粒包络起来,使颗粒间相互结合不易断裂[100];半纤维素一般结合在纤维素微纤维表面,并相互连接,在一定条件下易水解转化为木质素,在一定程度上起到了黏结剂的作用,因此对于提高生物质制品强度有较大优势[101-102]。

相关研究表明,农业废弃物中木质素、纤维素及半纤维素含量越高,生物质成型制品就越容易压缩成型,且成型质量越好,常见的动物粪便中牛粪、羊粪的木质素、纤维素、半纤维素含量相对较高;而三种常见的农作物秸秆中小麦秸秆的木质素含量明显高于其他两种(表3-1),但由于小麦在黑龙江省的种植面积较少,其秸秆不易大量获取,所以选择木质素含量次之但种植面积相对较大的水稻秸秆为部分原料。因此,初步确定制备茄果类蔬菜生物质育苗钵成型原料为牛粪、羊粪及水稻秸秆。

表3-1 畜禽粪便以及秸秆类生物质的组分分析(干基) (单位:%)

种类	木质素	纤维素	半纤维素
牛粪	23.72 ±6.47	20.92 ±3.02	23.35 ±7.06
羊粪	26.28	6.81	23.81
猪粪	7.57 ±4.09	14.18 ±1.70	26.03 ±5.50
鸡粪	13.39 ±2.57	3.75 ±2.73	25.71 ±0.46
玉米秸秆	4.6	32.9	32.5
水稻秸秆	6.3	39.6	34.3
小麦秸秆	9.5	43.2	22.4

注:*数据出自《生物质热解原理与技术》,朱锡锋编著,中国科学技术大学出版社,2006;《生物质热解原理与技术》,朱锡锋编著,科技出版社,2014。

畜禽粪便未经处理时含有大量的病菌及虫卵,直接施用会造成农作物病害和虫害的传播,对农作物生长会产生一定影响;同时,未经处理的畜禽粪便中有机质含量过高,直接施用会出现“二次发酵”的现象,当植株正处于幼苗时期,对外界环境的适应能力不强,发酵产生的热量会引起植株根系损伤,发生“烧苗”的情况,严重时甚至引起植株死亡;未经发酵的畜禽粪便中大多为大分子有机物,农作物在生长过程中根系无法吸收和利用这些养分,造成资源的浪费。畜禽粪便经过堆沤发酵可以产生一定热量,高温可以将病菌和虫卵杀死,同时大分子有机物可以分解为植物可以吸收的小分子有机物。因此,需要将动物粪便发酵后再使用,最终确定成型原料为发酵牛粪、发酵羊粪及水稻秸秆,结合实际情况确定发酵羊粪在原料中使用比例为20%,发酵牛粪及水稻秸秆在物料中的含量根据试验结果确定。

3.1.3 成型原料组分性能分析

生物质的结构相对复杂,主要包括木质素、纤维素、半纤维素及其他成分。在成型过程中,不同组分结构不同,发挥的作用和功能也就不同,对成型制品的质量影响较大。

1. 木质素性能

木质素是由碳、氢、氧三种元素组成的天然芳香性高聚物，由对香豆醇、芥子醇、松柏醇等组成，是世界上含量丰富的有机物之一。根据单体的不同，木质素可分为紫丁香基木质素、愈创木基木质素和对－羟基苯基木质素三种。木质素的分子结构中包含芳香基、醇羟基、酚羟基等活性基团，而木质素的物理和化学性质在一定程度上受酚羟基的影响，是衡量溶解能力和反应能力的重要指标。木质素是非晶体的一种，常温状态下在各种溶剂中均不易溶解，无熔点，但存在软化点，在温度达到70～110 ℃时软化并产生黏结作用，在温度达到200～300 ℃高温时，木质素进一步软化甚至液化，黏性增强，在压力作用下促进物料中的纤维素及半纤维素等分子间的相互吸引和黏结，提高成型制品的强度和保型能力[103－104]。

2. 纤维素性能

纤维素广泛存在于各种植物的细胞壁中，它不仅是细胞壁的主要成分，同时也是自然界中最丰富的多糖类物质，主要由 D－吡喃葡萄糖组成，并通过 β－1 和 4－糖苷键相互连接，其化学式可用($C_6H_{10}O_5$)$_n$ 表示，n 表示聚合度，一般在 10 000 左右[105－106]。纤维素的主链上包含大量羟基，且与其他亲子基团易发生化学反应，在空气中出现吸附或解吸现象，对其强度和电化学性质产生影响。纤维素对外界环境温度变化十分敏感，受热后易出现水解和氧化反应，温度过高会发生分解和碳化反应。在植物的细胞中，纤维素会以晶状体的微纤维形式存在，并被无定型纤维包裹[32]，其晶体状结构和大量氢键导致其在成型过程中无法发挥黏结作用，但是受热后会变软，且由氢键相互连接形成的纤丝在压缩的物料中会起到连接和支撑的作用。

3. 半纤维素性能

半纤维素是由多种单糖经过聚合而成的多糖，其结构复杂且支链丰富[107]，常呈无定型状态且有部分短链存在，因此易发生反应。半纤维素中木聚糖在木质组织中大约占 50% 左右，与纤维素间无化学键连接，但存在范德瓦耳斯力，因此可形成紧密的结构[46]。同时，半纤维素亲水性能较好，热压成型过程中在压力和水解的共同作用下可部分降解为木质素，起到一定的黏结作用[108]。

3.2　试验材料与设备及物料含水率调节

3.2.1　试验材料

试验选用的发酵牛粪由山东省肥沃农资有限公司生产。新鲜的牛粪经过干燥处理后，添加生物菌剂进行发酵处理，发酵过程中每日通风两次，每次通风时间间隔 12 h，堆沤 4～6 天后温度可达 60～70 ℃，堆沤 10 天后进行一次翻堆作业，堆沤 20 天完成发酵处理，将发酵好的牛粪进行过筛除杂，之后放入搅拌器中进行搅拌，直至搅拌呈松散状，在阴凉干燥处保存。发酵羊粪由山东省丰润农资有限公司生产，湿羊粪在进行发酵工序前含水率控制在30% ~40%，将菌剂分撒在羊粪中放入搅拌机中均匀混合，搅拌好的原料堆制成2 m宽，1.5 m高的条状堆体，堆置24 h温度可达50 ℃，48 h达到60 ~ 70 ℃，每3天翻堆一次，15天左右完成发酵，发酵好的羊粪在阴凉通风处存放，待使用时将羊粪粉碎成粉末状。秸秆取自黑龙江八一农垦大学农学院水稻试验田(东经125.17°，北纬46.58°)，收获时间2018年10月，水稻收获工作完成后，在试验田内将秸秆统一收集并进行晾晒，待秸秆达到干燥状态后利用锤片式粉碎机对秸秆进行粉碎处理，将秸秆粉碎成长度5 mm ±2 mm的条状储存备用。三种成型原料如图3 -1所示。

(a)发酵牛粪　(b)发酵羊粪　(c)水稻秸秆

图3 -1　成型原料

3.2.2　试验设备

(1)自主设计的原料压缩成型装置，内径为50 mm，压缩行程为40 mm，温控范围为0 ~350 ℃，如图3 -2所示。

(2)WDW -200E型微机控制电子式万能试验机，生产厂家为济南时代试金试验机有限公司，试验机级别为1级，最大试验力为200 kN，试验力示值相对误差为±1%，横梁移动速度为0.002 ~500 mm/min无级调速，如图3 -3所示。

图3 -2　物料压缩装置

图3 -3　WDW -200E微机控制电子式万能试验机

(3)MS－100型水分自动测量仪，生产厂家为上海佳实电子科技有限公司，最大称量质量为110 g，含水率测量范围为0～100%，水分分辨率为0.01%。

(4)JD300－3型电子天平，生产厂家为沈阳龙腾电子有限公司，最大称量为300 g，最小读数为0.001 g，重复性误差≤±0.001 g。

(5)其他试验设备包括锤片式粉碎机、游标卡尺、注射器、搅拌器等。

3.2.3 物料含水率调节

使用MS－100型水分自动测量仪对上述三种成型原料含水率进行测定，该仪器利用烘干法测定物料含水率。初始状态下测定成型原料样品(含水分)质量，启动卤素加热装置对待测样品进行加热烘干处理，烘干过程中，水分自动测量仪连续测量样品质量，并显示物料含水率的变化情况，待成型原料达到完全干燥状态时，其质量不会发生任何变化，此时测量仪显示的样品水分含量即作为最终测量结果。该仪器水分分辨率为0.01%，温控精度为±1 ℃，测得各成型原料含水率见表3－2。

表3－2 成型原料含水率测定结果

试验材料	发酵牛粪	发酵羊粪	水稻秸秆
含水率/%	10.73	9.97	8.27

利用JD300－3型电子天平对各成型物料质量进行测量，根据试验过程中不同试验方案的含水率要求，在成型原料中加入适量的水，按式(3－1)对原料含水率进行调节。

$$m=\frac{m_0(k_1-k_0)}{1-k_1} \tag{3-1}$$

式中 m——配水量，g；

m_0——配水前物料总质量，g；

k_0——配水前物料含水率，%；

k_1——目标含水率，%。

3.3 成型原料压缩性能影响因素及评价指标

3.3.1 成型原料压缩性能影响因素分析

目前，国内外学者在生物质成型方面进行了大量研究，但是主要集中在农作物秸秆的成型研究上。成型过程中的影响因素主要有原料种类、成型压力、成型温度、物料含水率、原料粒度、模具尺寸等。近几年,本课题组在动物粪便与秸秆混合物料成型方面进行了一定研究,确定研究中成型质量的主要影响因素为成型压力、成型温度、物料含水率及秸秆质量分数。

1. 成型压力

成型压力是生物质压缩成型的基本条件,成型原料放入模具型腔内进行压缩时,只有被施加了足够大的压力才能被压缩成具有一定强度的形状[109]。成型压力的大小对成型质量的影响十分显著。当成型压力较低时,物料间无法克服粒子间的摩擦力,成型效果不佳甚至无法成型;当成型压力较大时,物料颗粒的流动性明显增加,物料紧密结合在一起,成型效果较好[108,110]。但不同生物质材料在压制过程中所需的成型压力是不同的[111-113],随着成型压力的逐渐增加,被压缩物料的密度逐渐增大,但当成型压力达到一定值后,成型密度随成型压力的变化无明显差异。

2. 成型温度

成型温度对生物质成型质量和效果有较大影响,适宜的温度有利于生物质的成型,在成型过程中对原料进行加热,原料中的木质素会在高温的作用下软化析出,并在原料颗粒间起到一定的润滑和黏结作用,在一定程度上可以促进原料成型,同时加热也可以使原料自身变软,提高其流动性和塑性,使生物质成型过程中原料颗粒更容易紧密结合[114-115]。当成型温度较低时,物料流动性较差,木质素呈玻璃态固体状[116],常温状态下仅依靠提高成型压力或延长保压时间改善成型品质,其效果并不明显;当成型温度过高时,成型物料中的部分成分会受热分解,无法产生黏结作用,影响成型品质。

3. 物料含水率

物料含水率对生物质成型影响较大,适宜的含水率有利于原料成型,而含水率过高或过低都会对成型过程产生不良影响[108,117]。通常物料中含有一定的结合水和自由水,可以减少成型过程中粒子间的摩擦阻力,起到一定的润滑作用,在压力作用下,物料被压缩并相互黏结[118]。当物料含水率过低时,原料粒子间的摩擦阻力较大,压缩所需能耗较高,成型困难;当物料含水率过高时,压缩过程中多余的水分会被挤出,分散于各粒层之间,降低粒子间的结合度,同样成型困难,若在热压成型时,多余的水分会气化成水蒸气,在成型装置内部无法顺利排出,造成产品表面出现气泡或裂痕,降低成型品质[119]。

4. 秸秆质量分数

育苗钵的成分配比对成型质量和性能有很大影响[120],特别是秸秆在原料中的含量。随着秸秆质量分数的增加,原料中的秸秆起到一定的联结作用,提高成型材料抗破坏强度;但继续增加秸秆含量,成型原料中其他原料的占比相对减小,秸秆纤维间距离减小甚至相互堆叠,其他物料无法紧密填充,成型块局部出现缺陷,同时物料的流动性降低,且黏结性变差,成型材料的整体性和连续性受到影响,抗破坏强度明显下降,压缩成型后易发生变形[121-122]。

3.3.2 成型原料压缩性能评价指标

1. 抗破坏强度

抗破坏强度指物料成型后抵抗外力的能力,是衡量成型制品在运输、堆码及存放过程中能否满足强度要求的重要指标之一[122]。成型物料压缩过程中受成型压力、成型温度、原料含水率、秸秆质量分数等因素影响，物料颗粒间形成黏结力、吸引力、碰撞力、固体桥接力等，同时在压力作用下成型原料间相互堆叠、镶嵌，产生一定强度，从而使散状物料能被压缩成块。

将压缩成型的坯块放置于试验机上、下压盘之间，成型块与试验机上压盘接触临界位置作为初始位置，以一定加载速度压缩成型块，成型块与试验机压头接触到完全破坏变形后，压头返回初始位置，为一个试验周期(图 3－4)。试验过程中采集成型块受力－位移曲线，该曲线中的峰值即作为成型块的抗破坏强度。

(a) (b)

图 3－4 抗破坏强度测试试验

2. 轴向伸长率

松弛比是评价物料松弛特性的重要指标，指物料受力变形后，形状维持不变而应力随时间减小的过程。在自然状态下，若物体受外力作用后形状仍不发生改变，那么该物体一般都会存在应力松弛过程。所谓的应力松弛指的是物体内部存在的弹性恢复力将弹性变形转化为非弹性变形的过程。由于本研究中制备的生物质育苗钵为不规则形状，经过松弛阶段后无法测量育苗钵体积变化情况，从而无法计算松弛密度，而轴向伸长率在一定程度上可以反映成型原料压缩后经过松弛阶段的体积变化情况，因此选择轴向伸长率作为成型质量评价指标。

在松弛试验后方可对物料的轴向伸长率进行测量和计算。将一定质量的成型物料放入成型装置中压缩成型，脱模后即刻测量成型块高度，在室内常温环境下将成型块放置 48 h 后，成型块的密度会随着时间的变化而逐渐减小，在成型块的高度变化上十分明显，经过一定时间后，成型块的密度逐渐趋于稳定，此时再次测量成型块的高度，计算成型制品的轴向伸长率(图 3－5)。

成型块轴向伸长率计算公式为

$$\lambda = \frac{h_2 - h_1}{h} \tag{3-2}$$

式中 λ——成型块轴向伸长率，%；

h_1——成型块压缩后初始高度，mm；

h_2——成型块 48 h 后高度，mm；

h——成型块高度，cm。

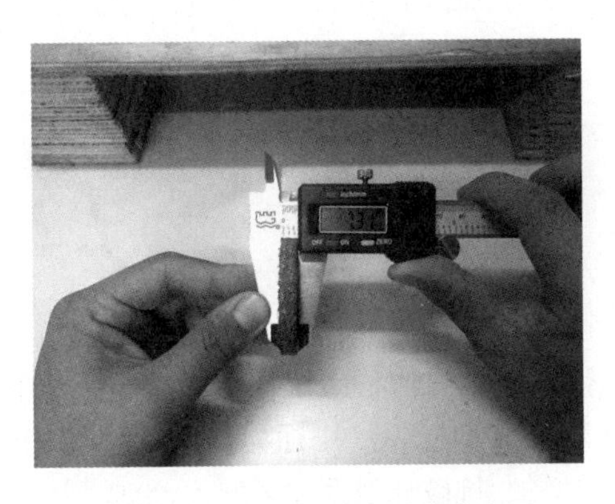

图 3 – 5　轴向伸长率测试试验

3.4　试验方案

通过查阅相关生物质成型文献，结合本课题组的前期研究基础，确定生物质原料压缩成型影响因素，并分别研究成型压力、成型温度、物料含水率及秸秆质量分数对抗破坏强度和轴向伸长率的影响，试验过程中每组试验重复 5 次，并对各组数据取平均值，利用 Excel 绘制各因素对成型质量影响的折线图，具体试验方案安排如下：

（1）研究成型压力对成型质量的影响，设置成型压力为 50 kN、75 kN、100 kN、125 kN、150 kN、175 kN，在成型温度为 100 ℃，物料含水率为 14%，秸秆质量分数为 8% 条件下探究成型压力对成型质量的影响规律。

（2）研究成型温度对成型质量的影响，设置成型温度为 50 ℃、80 ℃、110 ℃、140 ℃、170 ℃、200 ℃，在成型压力为 120 kN，物料含水率为 14%，秸秆质量分数为 8% 条件下探究成型温度对成型质量的影响规律。

（3）研究物料含水率对成型质量的影响，调节物料含水率为 10%、12%、14%、16%、18%、20%，在成型压力为 120 kN，成型温度为 100 ℃，秸秆质量分数为 8% 条件下探究物料含水率对成型质量的影响规律。

（4）研究秸秆质量分数对成型质量的影响，调节秸秆质量分数为 0、3%、6%、9%、12%、15%，在成型压力为 120 kN，成型温度为 100 ℃，物料含水率为 14% 条件下探究秸秆质量分数对成型质量的影响规律。

3.5 成型原料压缩性能单因素试验与分析

3.5.1 成型压力对成型质量的影响

将成型压力对抗破坏强度和轴向伸长率影响的试验结果绘制成散点图，如图 3－6 所示。成型块的抗破坏强度随着成型压力的增加先增大后逐渐趋于平缓，当成型压力小于 125 kN 时，随着成型压力的增加，抗破坏强度逐渐增大，当成型压力大于 125 kN 后，成型块抗破坏强度无显著变化。成型块的轴向伸长率随着成型压力的增加，呈现逐渐降低的趋势，但成型压力越大，轴向伸长率的变化趋势越不明显。试验结果表明，在成型压力作用下，成型原料颗粒逐渐克服粒子间摩擦力，流动性增强，粒子间紧密结合，随着成型压力逐渐增加，粒子间间隙逐渐减小，当达到一定值后，粒子间间隙无法继续压缩，因此继续增加成型压力对成型质量无明显影响。

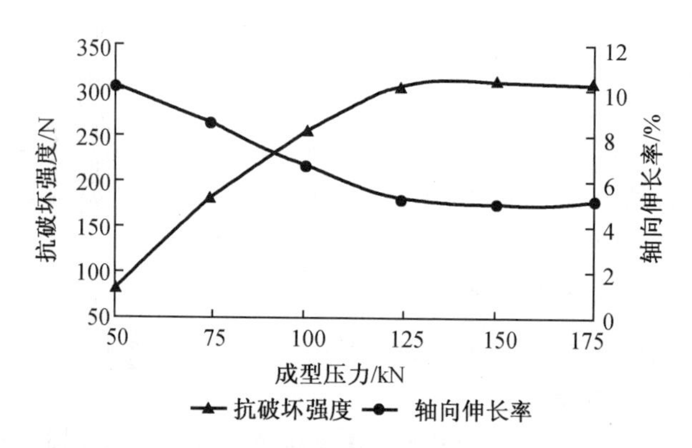

图 3－6 成型压力对抗破坏强度和轴向伸长率的影响

3.5.2 成型温度对成型质量的影响

将成型温度对抗破坏强度和轴向伸长率影响的试验结果绘制成散点图，如图 3－7 所示。随着成型温度的增加，成型块的抗破坏强度呈先增大后减小的趋势，当温度低于 140 ℃时，抗破坏强度随温度上升而明显增大，当温度高于 170 ℃时，抗破坏强度随温度上升而逐渐减小，且在 200 ℃时的抗破坏强度高于 50 ℃；随着成型温度的增加，成型块轴向伸长率先降低后逐渐趋于平缓，当成型温度大于 140 ℃后，成型块轴向伸长率的变化并不明显。试验结果表明，随着成型温度的升高，达到木质素软化或液化状态，此时木质素可以产生一定的黏性，在成型压力作用下填充到成型颗粒间隙中，使粒子间紧密结合，降低成型所需能耗，并提高成型制品的强度，但是当温度过高时，成型原料中的秸秆等出现碳化现象，无法发挥在颗粒间的联结作用，木质素也会部分分解，无法发挥黏结作用，因此只有适宜的成型温度才可以提高成型制品的成型质量。

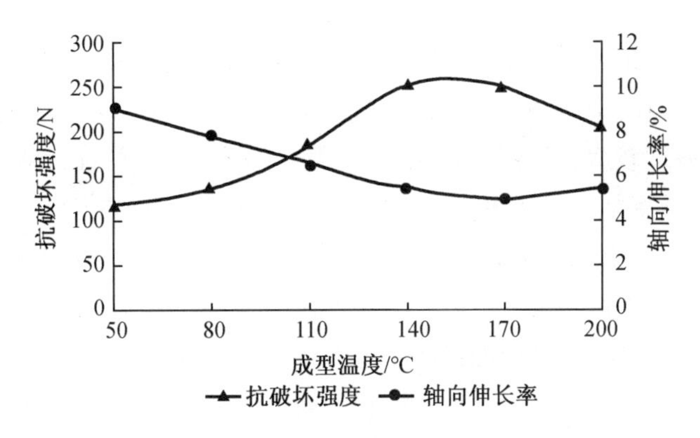

图3-7 成型温度对抗破坏强度和轴向伸长率的影响

3.5.3 物料含水率对成型质量的影响

将物料含水率对抗破坏强度和轴向伸长率影响的试验结果绘制成散点图，如图3-8所示。随着含水率的增加，成型块抗破坏强度呈先增大后减小的趋势，且在含水率较低时，增加含水率对成型块抗破坏强度的影响十分明显，继续提高含水率，成型块的抗破坏强度明显下降，当成型块含水率为12%左右时，其抗破坏强度达到峰值；当物料含水率低于14%时，随着含水率的增加成型块的轴向伸长率变化并不明显，当物料含水率高于14%时，继续提高含水率成型块的轴向伸长率明显升高。试验结果表明，在成型原料中加入适当水分，提高物料在成型装置内的流动性，填充物料颗粒间隙，促进原料颗粒紧密结合，进而提高成型质量；当含水率过高时，成型原料流动性过好并在挤压过程中从成型装置各零件间隙中流出，造成成型装置各部件脱开困难，且含水率过高，多余的水分会填充到颗粒间隙中，当育苗钵完全干燥后，水分完全蒸发，原料颗粒粒子间结合不够紧密，降低成型质量。

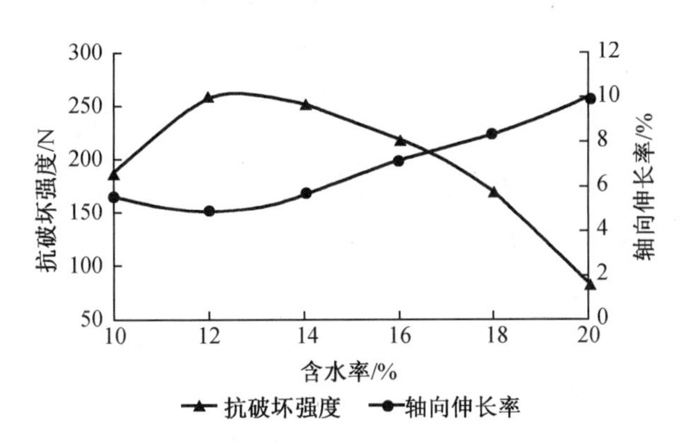

图3-8 含水率对抗破坏强度和轴向伸长率的影响

3.5.4 秸秆质量分数对成型质量的影响

将秸秆质量分数对抗破坏强度和轴向伸长率影响的试验结果绘制成散点图,如图3-9所示。随着秸秆质量分数的增加,成型块的抗破坏强度呈先增大后减小的趋势,秸秆质量分数在6%左右时,抗破坏强度较大,且成型块不添加秸秆与添加15%左右的秸秆抗破坏强度值接近;成型块的轴向伸长率随秸秆质量分数的增加呈逐渐增加的趋势,当秸秆质量分数低于6%时,成型块轴向伸长率变化并不明显,当秸秆质量分数大于6%后,成型块轴向伸长率随秸秆质量分数的增加而显著增加。试验结果表明,添加适量秸秆对抗破坏强度的提高有明显作用,这是由于秸秆可以在成型块中发挥加强筋作用,提高粒子间的联结能力,从而提高成型块的整体强度;但是由于秸秆中存在大量木质纤维,其平衡弹性模量较大,在成型后会产生明显的应力松弛现象,因此随着秸秆质量分数的增加,成型块的轴向伸长率也逐渐增加。

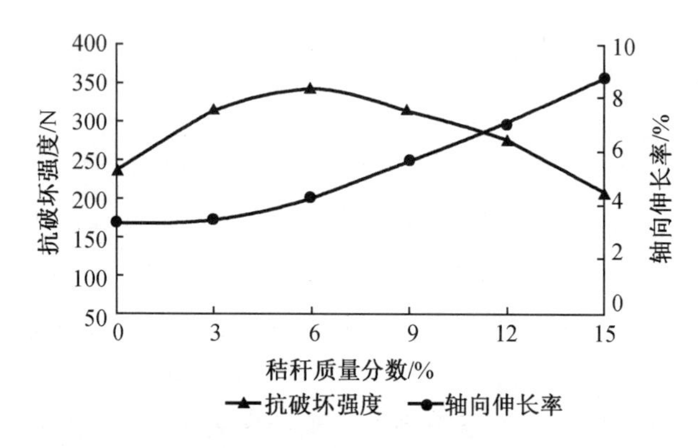

图3-9 秸秆质量分数对抗破坏强度和轴向伸长率的影响

3.6 本章小结

本章结合课题组前期研究基础及黑龙江省农业生产的实际情况,分析常见农业废弃物的组分及含量,确定制备生物质育苗钵的成型原料,并进行压缩特性分析,得出如下结论:

(1)通过查阅相关文献、资料,对常见农业废弃物中的组分进行理化性能分析,初步确定发酵牛粪、发酵羊粪及水稻秸秆为成型原料。

(2)从成型原料压缩特性入手,分别对成型压力、成型温度、物料含水率、秸秆质量分数进行理论分析,通过热压成型的方式对成型原料进行压缩,结合单因素试验设计方法,分析成型物料的压缩性能,确定了4个因素对压缩成型质量的影响范围:成型压力80~160 kN,成型温度100~180 ℃,物料含水率10%~18%,秸秆质量分数4%~12%。该结论为茄果类蔬菜生物质育苗钵成型工艺参数的研究提供理论依据。

第4章　生物质育苗钵成型装置设计及优化

4.1　生物质育苗钵成型技术分析

4.1.1　成型方式分析

目前,国内外关于生物质成型设备研究较多,不同成型原料需配合特定的成型设备进行加工。本研究中成型原料为动物粪便与水稻秸秆的混合物料,属于松散物料,因此需要对各种成型方式的适用条件进行分析。生物质固化成型方式根据成型原理可分为螺旋挤压成型、活塞冲压成型、压辊碾压成型[123]。不同成型方式又可进一步分类,如图4-1所示。

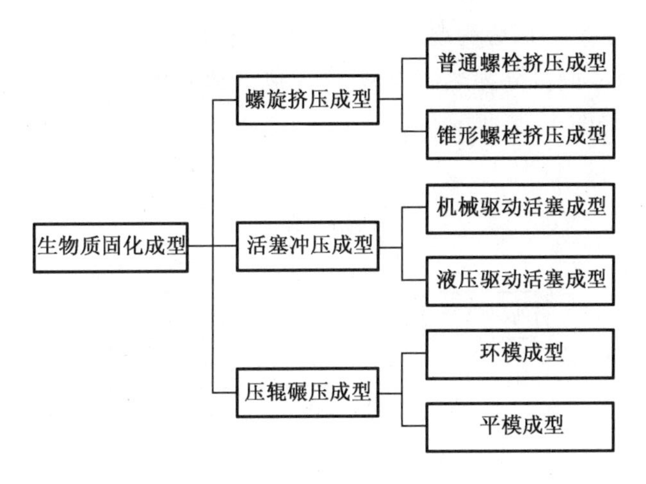

图4-1　生物质固化成型方式分类

螺旋挤压成型是较为传统的成型方式之一,其原理是利用圆柱形或锥形螺旋杆在套筒内旋转,带动物料向出料口方向运动,成型原料在套筒内靠近物料口方向不断挤压,密度逐渐增大并向外运动,最终被向外挤出并成型。由于生物质原料中的木质素在受热后流动性和黏结性均有显著提升,十分有利于提高原料的成型质量,故而普遍采取在套筒外部增加加热装置配合成型机使用的方式,以提高成型质量和成型率。但是物料加热过程增加了成型能耗,经济性不佳,同时还存在螺杆磨损严重,对成型物料粒度及含水率均要求较高等缺陷,因此未得到广泛推广[124-125]。

活塞冲压成型根据驱动方式可分为机械驱动活塞成型和液压驱动活塞成型两种。其成型原理是依靠活塞在料筒内的往复运动将物料挤出料筒实现成型。与螺旋挤压成型方式不同,该成型方式无须配备外部加热装置即可实现生物质成型,因为在压缩过程中,受物料与料筒内壁之间的摩擦力作用,部分动能转化为内能,促使物料中的木质素软化或液化,进而相互黏结,提高成型制品的质量,并在一定程度上降低了成型能耗[126-127]。该成型方式在成型过程中对材料的要求较低,因此在国内得到广泛应用。

压辊碾压成型根据压模形状分为平模成型和环模成型两类,环模成型根据压辊的布置方式继而可以分为立式环模成型和卧式环模成型。压辊碾压成型机械主要成型部件均由压模和压辊组成,在压辊上加工出一定的齿或槽,压模上加工出与之对应的成型孔,在成型作业过程中,压模与压辊同步运动,物料进入压模与压辊之间,在压模上受到旋转压辊的挤压进入成型孔内,随着成型压力的不断增加,物料产生塑性变形,并经过一段时间的保压后从成型孔内脱出,形成具有一定形状的颗粒[128-129]。该成型方式的成型原理参考早期的饲料成型机械,存在成型材料直径小、密度低等缺点,但其成型机械的结构简单,生产效率高,在养殖业等相关产业中,特别是饲料生产行业得到了较为广泛的应用。

4.1.2 成型工艺分析

生物质成型工艺分类方式较多,目前常见的分类方式是根据物料含水率高低进行分类,当物料含水率高于50%时称为湿压成型,当物料含水率低于50%时称为干压成型。干压成型根据成型温度不同可分为热压成型、冷压成型和碳化成型三种,其中冷压成型被称为常温成型[130-131],如图4-2所示。

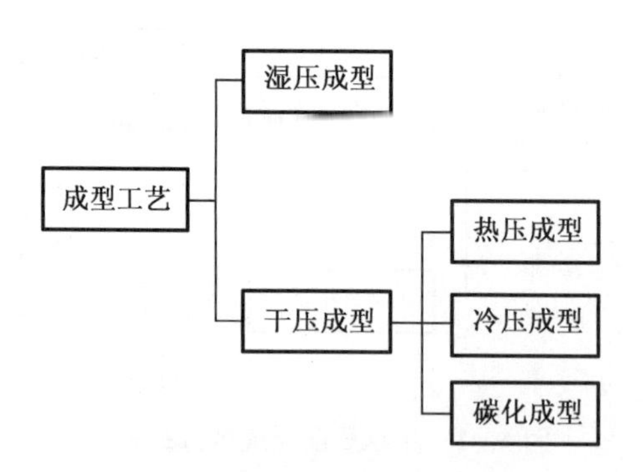

图4-2 生物质成型工艺分类

湿压成型工艺要求物料有极高的含水率,但成型物料含水率普遍无法达到,因此需要对成型物料进行浸泡,保证其内部纤维素部分水解,若物料未进行浸泡作业,其内部纤维素不够柔软,不利于后续加工。加工时,将待成型物料放入成型模具中,施加一定压力挤出物料中多余的水分,并使物料中的纤维素相互嵌套,脱模后形成一定的形状。该方法常用于生产成型燃料,其成型设备操作简单,但制备的成型燃料密度小,热值低,且在成型后需要对物料进行烘干或晾晒,生产效率较低[132]。

热压成型是指在生物质成型过程中进行加压加热的成型工艺。预热压成型工艺是指在物料进入成型模具前对其进行加热的成型工艺。生物质物料中普遍含有一定量的木质素,在加热过程中木质素达到软化或液化温度,木质素产生一定的黏性,同时在压力的作用下促使物料相互黏结,进而实现生物质的成型。成型过程中,软化或液化的木质素在成型模具与物料间起到了一定的润滑作用,摩擦阻力明显下降,所需的成型压力降低,从而降低成型能耗,并延长设备使用寿命和维修周期,且采用热压成型工艺的成型质量普遍优于冷压成型[133]。

冷压成型是指在常温状态下,生物质成型过程中不添加热源直接对物料进行加压成型的生产工艺。成型过程中依靠模具与物料相互摩擦产生热量,致使成型物料中的木质素软化,在压力的作用下实现生物质物料的塑性变形,在成型时对物料含水率及粒度要求较为严格。该工艺虽然不需要进行加热即可成型,工艺简单,能耗较低,但对成型压力和机械强度要求较高,普遍应用于辊压成型机。成型材料由于仅在压力作用下成型而无法发挥木质素的黏结作用,因此成型质量欠佳,不利于长期储存和运输。目前为提高成型质量普遍采用的方式仍然是提高成型压力。

碳化成型根据碳化时间不同可分为两种成型工艺,一种是先成型后碳化,另一种是先碳化后成型。前者在生产时,成型过程与碳化过程相对独立,在成型结束后进行碳化,但该成型工艺工序较多且烦琐,碳化过程需消耗大量能源,整个生产周期时间较长,不利于大面积推广使用。为提高生产效率,缩短生产周期,部分学者对成型工艺进行了改进,将成型过程与碳化过程相结合缩短成型周期,因此先碳化后成型工艺诞生。该成型工艺指生物质成型前在无氧或缺氧环境下对其进行加热,使生物质中的纤维素、半纤维素组织结构被破坏,并受热分解析出挥发剩余残碳后挤压成型的过程。但是由于已经碳化的木质素、纤维素及半纤维素结构遭到破坏,无法相互嵌套黏结,因此必须在挤压成型过程中添加一定量的黏结剂而达到成型的目的。生物质经过碳化热解后产生部分碳粉,在成型模具与物料之间起到一定润滑作用,可降低成型模具与物料间的摩擦阻力,提高成型机械使用寿命[134]。

本试验以水稻秸秆和发酵动物粪便为成型原料制备生物质育苗容器,成型原料为散粒体物料,且制备的育苗容器具有一定的形状,无法连续成型,对比分析不同成型方式适用条件确定试验中采用活塞冲压的成型方式;而成型原料中含有一定的木质素,采用热压成型的方式可以发挥木质素黏性,提高成型制品的成型质量,降低成型过程中的压缩能耗,因此确定采用热压成型工艺制备生物质育苗钵。

4.2 生物质育苗钵结构设计

4.2.1 育苗钵钵孔容积及形状设计

茄果类蔬菜育苗常采用集约化育苗的方式，育苗容器的规格对秧苗的生长发育及产量都会造成较大影响，为了在茄果类蔬菜育苗期间培育优质壮苗，育苗钵需进行科学合理的设计，其形状结构设计应满足农作物根系的生长要求，容积设计应满足农作物生长过程中的养分需求。形状较大的育苗钵可以在育苗期间为秧苗提供充足的养分，同时促进秧苗根系的生长和发育，避免出现盘根、窝根等现象，但较大的育苗容器需要耗费大量的营养土，严重造成人力资源和土壤资源的浪费，增加农业生产的负担。因此，科学合理地设计一种适合茄果类蔬菜育苗使用的生物质育苗钵十分重要。经过市场调研及农户走访，目前常见茄果类蔬菜常用50孔育苗盘，部分使用72孔育苗盘，育苗盘规格尺寸见表4－1。

表4－1 不同规格穴盘及参数

穴盘规格	孔数	穴孔上口径/mm	穴孔下口径/mm	穴孔高度/mm	穴孔容积/mL
A	50	50	22	50	55
B	50	46	30	51	72
C	50	50	25	55	70
D	50	48	23	40	55
E	50	50	38	60	80
F	50	60	25	50	60
G	50	42	37	73	74
H	72	40	20	45	40
I	72	38	22	46	43
J	72	40	20	55	55

综合上述塑料育苗容器尺寸规格，初步确定生物质育苗钵穴孔容积为40～80 mL。生物质育苗钵由动物粪便及秸秆构成，同样可作为育苗基质进行使用，因此确定育苗钵容积与穴孔容积的总体积小于80 cm^3；穴孔高度参考上述育苗容器尺寸确定为50 mm，穴孔形状为上大下小的圆台形。

4.2.2　育苗钵外形尺寸

目前，常见育苗盘尺寸规格为540 mm×280 mm，如图4－3所示。50穴育苗盘去除外框后平均每穴占地面积为27.04 cm^2，为保证在原有育苗面积不变的情况下培育秧苗数量不减少，初步确定生物质育苗钵单穴孔占地面积应小于27.04 cm^2。常见育苗盘穴孔呈上大下小的圆台形，其目的是便于脱钵移栽，该设计会导致植株根系在生长过程中出现窝根、盘根的现象，而生物质育苗容器在使用过程中无须脱钵，对育苗钵形状可进行适当调整，茄果类蔬菜植株根系主要由主根和侧根构成，发挥固定植株和吸收养分的作用，主根通常垂直向下生长，侧根以主根为中心向四周延伸。因此，设计生物质育苗钵为圆台形，同时为便于生物质育苗钵脱模，参考塑料制品脱模角度，初步确定生物质育苗钵拔模角度为5°，结合实际情况最终确定拔模角度为4.5°。生物质育苗钵在实际使用过程中，强度会随着时间的变化逐渐降低，若仍设计成上大下小的形状，其侧壁会由于重力作用出现破损现象，受力分析如图4－4所示，综上所述，设计的茄果类蔬菜生物质育苗钵外形为上小下大的圆台形结构。

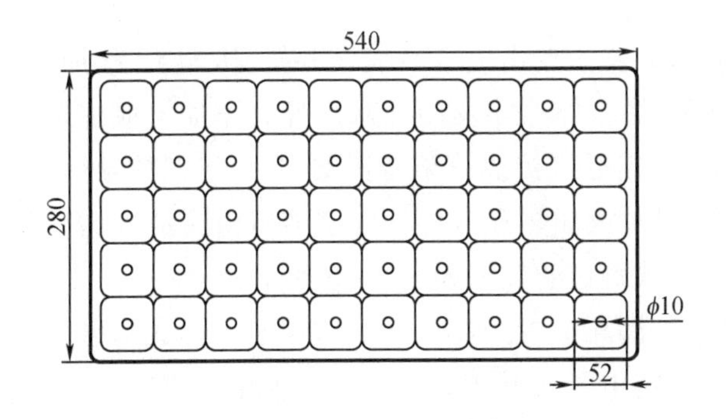

图4－3　50穴育苗盘二维图(单位:mm)

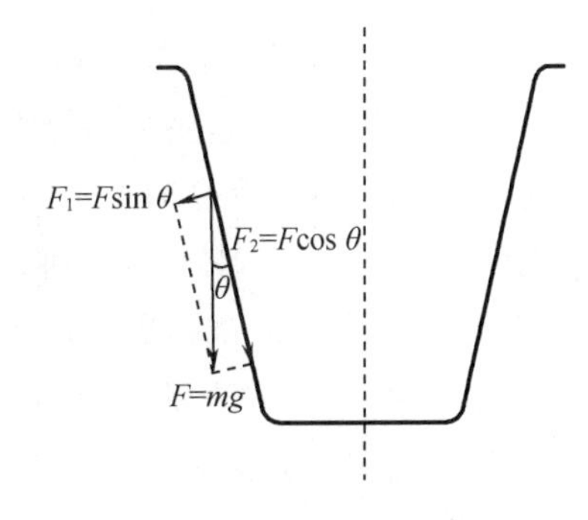

图4－4　育苗钵侧壁受力分析

4.2.3　育苗钵物理参数

通过对钵孔容积、钵孔形状及外形尺寸的分析，确定生物质育苗钵整体结构，如图4－5所示；结合成型原料的压缩试验结果，确定生物质育苗钵物理参数见表4－2。

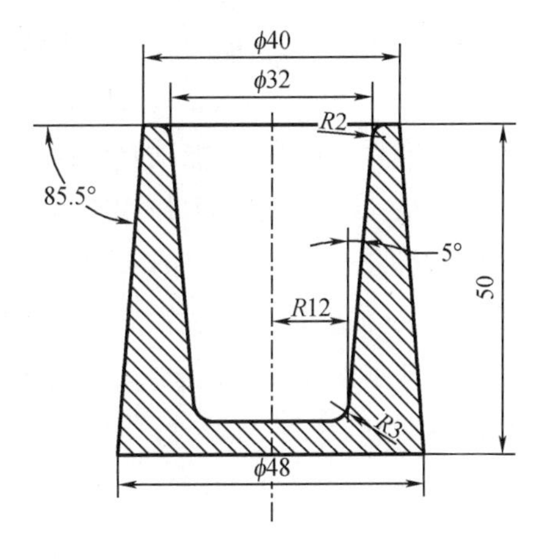

图4－5　生物质育苗钵剖面图(单位:mm)

表 4-2　茄果类蔬菜生物质育苗钵尺寸参数

项目	参数	单位
育苗钵顶部外径	40	mm
育苗钵顶部内径	32	mm
育苗钵底部直径	48	mm
育苗钵孔底部直径	24	mm
育苗钵高度	50	mm
育苗钵孔深度	45	mm
育苗钵孔容积	27.88	cm^3
育苗钵总体积	76.20	cm^3

4.3　生物质育苗钵成型装置设计

本课题组自主设计生物质育苗钵成型装置主要由电子万能试验机、压缩装置、加热冷却装置等组成。加热冷却装置为铸铝材质，将电加热棒及冷却水循环管路加工成螺旋状，在浇铸过程中将加热棒及冷却水循环管路固定后直接浇铸于铸铝圈中，由于铝的导热性能较好，因此生物质育苗钵成型装置可以实现快速加热和冷却。成型装置由压料塞、料筒和钵模体组成，与电子万能试验机配合使用。成型试验装置如图 4-6 所示。

工作过程：将经过处理的成型原料通过漏斗放置于料筒与底座组装后形成的型腔中，调节电子式万能试验机控制压头向下运动，待电子式万能试验机软件中压力值变化时立即停止运动，使物料处于待压缩状态；将加热装置调节至预设加热温度，打开加热装置，待物料加热到预设温度后自动停止加热；在电子式万能试验机控制软件中设置自动程序控制，横梁向下运行速度为 20 mm/min，压力值根据试验需求进行设定，即可进行压缩试验，当试验机横梁带动压头向下运动一段距离后，成型装置内部物料所受压力逐渐增加，当成型压力达到设定值后，电子式万能试验机横梁立即暂停运动，完成物料的成型过程；此时开启冷却水循环水泵，冷却水在压力作用下经循环管路进入加热冷却装置内部，随着冷却水的流动，内部热量被冷却水带走，加热冷却装置温度逐渐降低，成型装置的热量通过热传导的方式逐渐减少，从而实现成型装置的快速冷却，待成型装置温度达到室温后，关闭冷却水循环水泵停止冷却水循环；最后电子式万能试验机释放压力，将成型装置压头向上移动，取出生物质育苗钵即可。

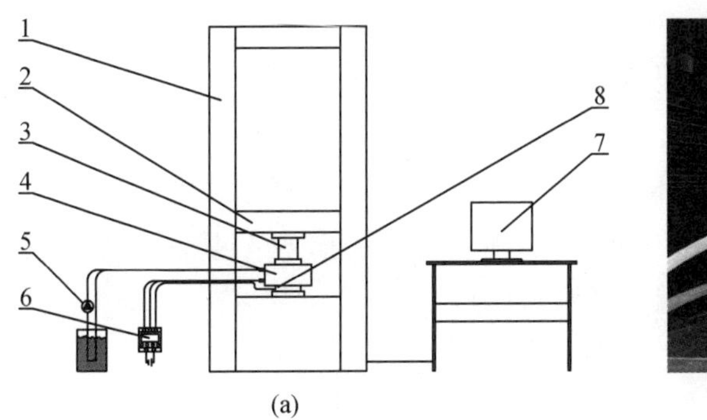

(a)

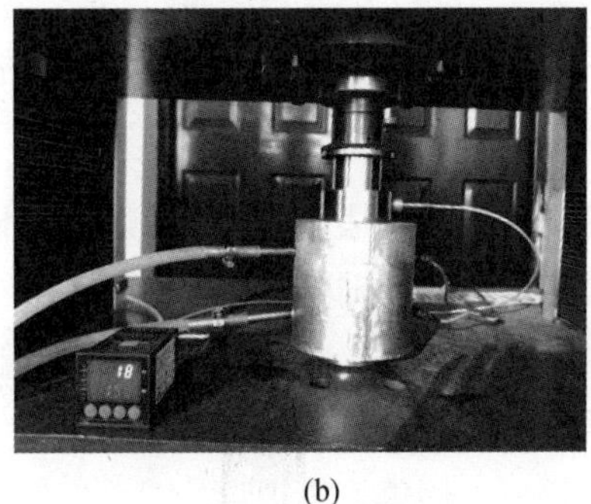
(b)

1—WDW－200E 型微机控制电子式万能试验机;2—试验机横梁;3—成型模具;4—加热装置;
5—冷却水循环水泵;6—温度控制器;7—计算机;8—温度传感器。

图 4－6 生物质育苗钵成型试验装置图

4.4 生物质育苗钵成型装置热分析

4.4.1 热分析基础

1. SolidWorks Simulation 热分析理论

SolidWorks Simulation 热分析基本步骤:第一步将待研究对象或求解区域进行离散化处理,使各子域之间仅以节点的方式相互连接,且这些子域数量有限并相互不重叠,此时在各节点上施加初始边界条件,即完成离散化过程;第二步求解整体区域解函数,在有限的子域中,未知的求解函数会通过分片近似的方式逼近得到,即在有限的子域中选取合适的节点作为插值点,并对微分方程输入值重新定义得到近似函数,近似函数通过线性组合的方式即可求解整体区域上的解函数;第三步基于加权残值法及变分原理求解,建立与原问题等效的基本方程和边界条件数学计算模型的有限元方程,通过微分方程转化为其节点的导数值或一组计算变量为原有未知量的代数方程组,利用计算机对代数方程组表示的矩阵进行求解,最终通过计算得到与实际值接近的近似解。

2. 热传递方式

(1)热传导

热传导是能量的一种转换形式,指完全接触的两个物体间或一个物体不同部位间由于温度差而引起的能量交换的过程,该过程遵循傅里叶定律:

$$q' = -\lambda\left(\frac{\mathrm{d}T}{\mathrm{d}x}\right) \tag{4-1}$$

式中 q'——热流密度,$\mathrm{W/m^2}$;

λ——导热系数(又称热导率),W/(m·K);

"-"——热量传递方向与温度升高的方向相反。

(2)热对流

热对流指固体表面与它接触的流体之间由于温度差的存在引起的热量交换过程。热对流可以分为自然对流和强制对流两类,可以用牛顿冷却方程描述该过程:

$$q^n = h(T_S - T_B) \tag{4-2}$$

式中 h——对流换热系数;

T_S——固体表面温度,℃;

T_B——周围流体温度,℃。

(3)热辐射

热辐射指物体发射电磁能并被其他物体吸收转化为热的热量交换过程,物体的温度越高,单位时间内辐射的热量就越多。热传导和热对流都需要传热介质,热辐射无须相互接触,也不需要传递介质,且热辐射能量转化效率最高。该过程可用斯忒藩-玻尔兹曼方程式表示:

$$q = \varepsilon\sigma A F_{12}(T_1^4 - T_2^4) \tag{4-3}$$

式中 q——热流率;

ε——辐射率;

σ——斯忒藩-玻尔兹曼常数;

A——辐射面1的面积,m^2;

F_{12}——辐射面1到辐射面2的形状系数;

T_1——辐射面1的绝对温度,℃;

T_2——辐射面2的绝对温度,℃。

本研究中包括两种热传递方式,加热冷却圈内壁与成型模具外壁接触部位为热传导,成型装置其他暴露在空气中的部位与空气存在热对流,因此在热载荷设置时只需要进行热传导和热对流分析。

3.热分析分类

(1)稳态热分析

若某系统的净热流率为0,即流入系统的热量加上系统自身生成的热量等于流出系统的热量,$q_{流入} + q_{生成} - q_{流出} = 0$,此时该系统处于热稳态,在稳态热分析中任一节点的温度不随时间变化,其能量平衡方程为

$$\boldsymbol{KT} = \boldsymbol{Q} \tag{4-4}$$

式中 $\boldsymbol{K}$——传导矩阵;

$\boldsymbol{T}$——节点温度向量;

$\boldsymbol{Q}$——节点热流率向量。

(2)瞬态热分析

瞬态传热过程是指一个系统加热或冷却的过程,在该过程中系统的温度、热流率、热边界条件以及系统内能随时间都有明显变化,根据能量守恒原理,瞬态热平衡方程为

$$C\dot{T} + KT = Q \tag{4-5}$$

式中 C——比热矩阵;

$\dot{T}$——温度对时间的导数;

K——传导矩阵;

T——节点温度向量;

Q——节点热流率向量。

研究中首先需要对生物质育苗钵成型装置进行稳态热分析,分析加热装置是否满足加热需求;在确定加热装置可以满足加热需求后即可对成型装置进行瞬态热分析,分析不同加热时间成型装置内部温度场分布情况,并对成型装置进行改进设计,保证成型装置内部温度场分布均匀。

4.4.2 成型装置材料属性

生物质育苗钵成型装置材料属性见表4-3。

表4-3 生物质育苗钵成型装置材料属性

属性	304不锈钢	铸铝
弹性模量/(N/m^3)	1.9×10^{11}	7.24×10^{10}
泊松比	0.29	0.33
抗剪模量/(N/m^3)	7.5×10^{10}	2.72×10^{10}
质量密度/(kg/m^3)	8 000	2 680
张力强度/(N/m^3)	5.17×10^{8}	2.28×10^{8}
热导率/[W/(m·K)]	16	151
比热/[J/(kg·K)]	500	963
熔点/℃	1 398~1 454	520~645

4.4.3 成型装置热分析

以成型装置为结构基础,利用SolidWorks建立成型装置三维实体模型,通过Simulation模块对成型装置进行热分析,模拟加热过程中成型装置内部的热量分布情况,为加热装置设计及优化提供依据,保证成型装置加热的均匀性。

1. 瞬态热力分析创建

将绘制的成型装置三维实体模型在SolidWorks中打开,点击SolidWorks插件中的Simulation选项卡,选择新算例中热力分析作为分析类型,新建算例,在属性中将求解类型更改为“瞬态”,设置总的时间为300 s,时间增量为10 s。

2. 热载荷设置

选择热载荷中的“热量”选项，所选实体通过展开的 FeatureManager 选取加热圈实体，设置输入热量为 3 000 W。

选择热载荷中的“对流”选项，所选实体选取加热圈上、下表面及与空气直接接触的侧面，为选中的面设置对流系数为 15 $W/(m^2 \cdot K)$。

选择热载荷中的“对流”选项，所选实体选取压头的上表面与底座的下表面，由于在该部位分别添加了隔热材料，因此设置对流系数为 0.2 $W/(m^2 \cdot K)$。

选择热载荷中的“对流”选项，所选实体选取其他未定义的外表面，为选中的表面设置对流系数为 10 $W/(m^2 \cdot K)$。

分析类型及属性设置如图 4－7 所示。

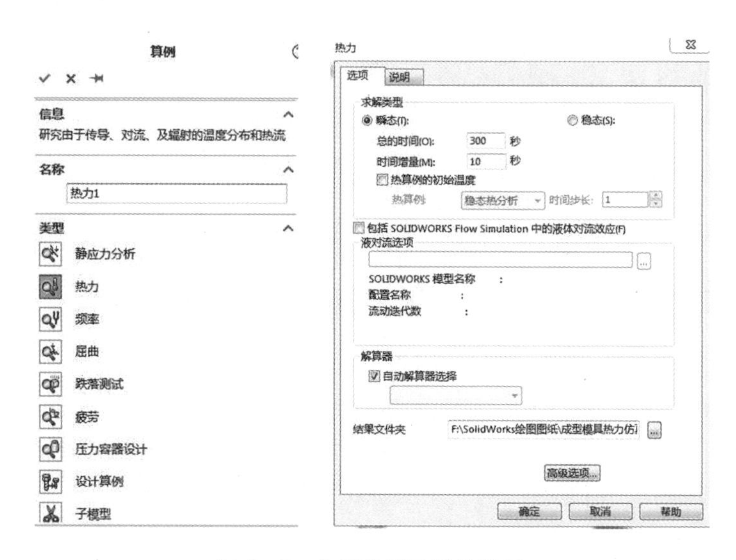

图 4－7　分析类型及属性设置

3. 初始温度设置

选择热载荷中的“温度”选项，在类型下的初始温度栏中输入 25 ℃，通过展开的 FeatureManager 选择装配体中的全部零件。

4. 网格划分

对成型装置进行热分析前，必须对其三维模型进行网格化处理，将整体划分为细小的单元，仿真过程利用 Simulation 中网格自动划分功能进行网格划分，网格划分后为 31 680 节，21 183 单元。成型装置网格划分示意图如图 4－8 所示。

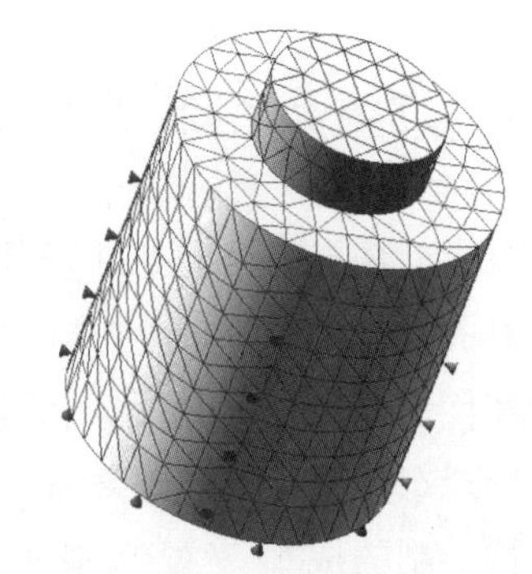

图 4－8　成型装置网格划分示意图

5. 瞬态热分析求解

对瞬态热分析过程进行求解，成型装置在加热 300 s 时间内每间隔 50 s 记录一次热力分布情况，结果如图 4 -9 所示。随着加热时间的变化,成型装置中的料筒及压头温度逐渐升高,但底座顶部温度较低。由于在加热过程中料筒外壁与加热装置直接接触,热量以热传导的方式快速进入料筒中,料筒的升温速率较快,压头下部同样与料筒的内壁直接接触,该部位同样可以通过热传导的方式快速升温;但是底座中只有其底部与料筒直接接触,底座的上部由于与热源距离较远,热传导效率低升温速率较慢,成型装置底座顶部监测点温度变化情况如图 4 -10 所示。由此可以看出,成型装置整体温度场分布不均,温差较大,对生物质育苗钵的成型质量影响较大。

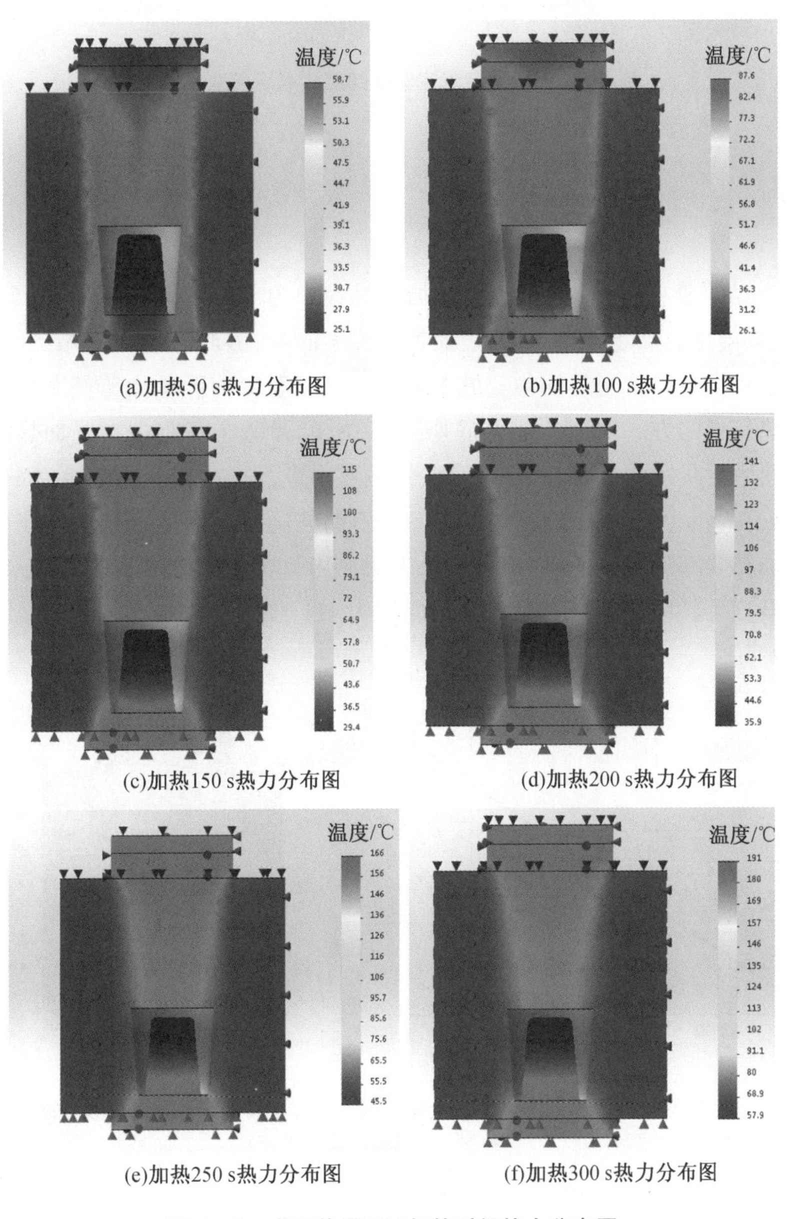

(a)加热50 s热力分布图　(b)加热100 s热力分布图

(c)加热150 s热力分布图　(d)加热200 s热力分布图

(e)加热250 s热力分布图　(f)加热300 s热力分布图

图 4 -9　成型装置不同加热时间热力分布图

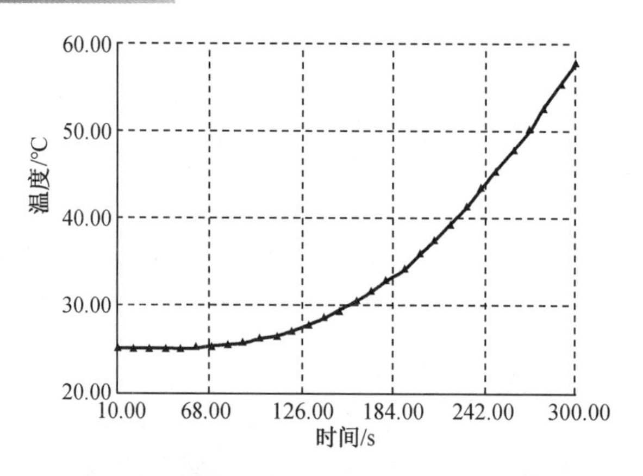

图 4-10　成型装置底座顶部监测点温度变化情况

4.4.4　成型装置改进设计

通过以上结果分析得出,成型装置在加热过程中内部温度分布不均匀,需对其进行改进设计,保证其内部温度场分布均匀,进而提高成型质量,因此考虑额外添加热源以保证育苗钵在成型过程中各部位受热均匀。成型装置的底座温度较低是由于其距离热源较远,热量无法通过热传导的方式快速传递至底座顶部,所以考虑在底座中布置加热源,提高热传导效率。加热装置仍采用加热棒,在成型装置底座中进行打孔,开孔直径为 6 mm,开孔深度为 18.85 mm,在 SolidWorks 中绘制加热棒三维模型与优化后的成型装置底座配合,定义加热棒为不同加热功率进行热仿真分析,结果表明在热源功率为 50 W 时,成型装置内部监测点温度明显升高,温度场分布相对均匀一致(图 4-11、图 4-12)。

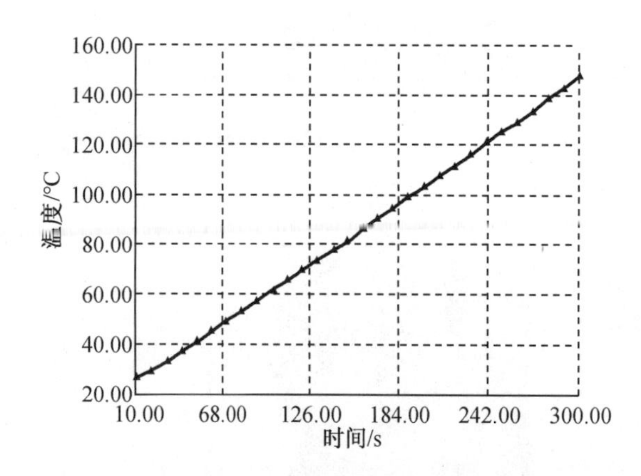

图 4-11　改进后成型装置内部监测点温度变化情况

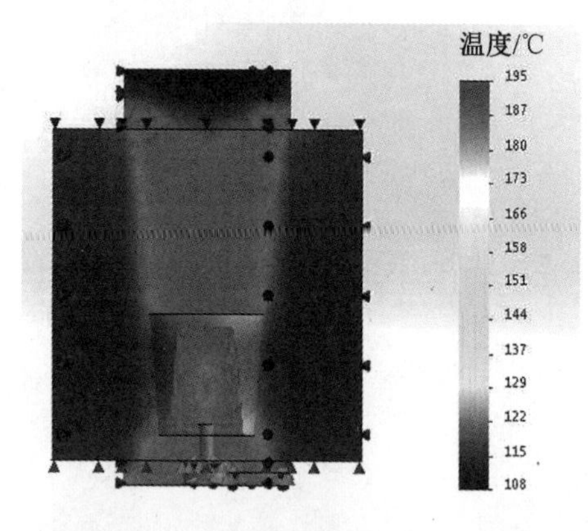

图 4-12　改进后成型装置热力分布图

4.5　本章小结

本章对生物质成型方式及成型工艺的适用性进行分析,结合茄果类蔬菜育苗农艺要求,确定试验采用的成型技术方案;通过对茄果类蔬菜常用育苗容器尺寸、结构等因素的分析,确定茄果类蔬菜生物质育苗钵的有关参数;以生物质育苗钵为基础,设计配合使用的成型装置,利用 SolidWorks 建立成型装置三维实体模型,并进行热仿真分析,得出成型装置加热过程中内部温度场的变化情况,为成型装置改进设计提供理论基础。本章主要结论如下:

(1)分析现有成型方式及成型工艺的适用条件,确定生物质育苗钵成型过程中采用活塞冲压的成型方式及热压成型的成型工艺,为成型装置提供设计依据。

(2)以茄果类蔬菜育苗容器为设计依据,结合生物质材料成型特性,确定茄果类蔬菜生物质育苗钵为上小下大的圆台形结构,育苗钵孔容积为 27.88 cm^3,育苗钵总体积为 76.20 cm^3。

(3)以 WDW－200E 型微机控制电子式万能试验机为平台,设计生物质育苗钵成型装置与其配套使用,成型装置外部安装铸铝材质的加热冷却圈,可以对成型装置进行快速加热和冷却;利用 SolidWorks 三维设计软件建立成型装置三维实体模型,利用 Simulation 仿真分析模块对成型装置进行热仿真分析。结果表明,加热装置满足试验要求,但在加热 300 s 时间内,成型装置的底座温度较低,影响生物质育苗钵成型质量,对成型装置进行优化设计,在底座中添加 50 W 热源后,成型装置内部温度场分布相对均匀一致,满足加热需求。

第5章　茄果类蔬菜生物质育苗钵成型工艺参数试验研究

5.1　试验设计及方案

本章中使用的成型物料与2.2节中使用的材料一致，含水率仍按上述方式进行调节，试验过程中使用的生物质育苗钵成型装置为第3章中设计的成型装置。以成型原料压缩性能单因素试验结果为基础，分别选取成型压力 X_1、成型温度 X_2、物料含水率 X_3、秸秆质量分数 X_4 作为试验因素，以生物质育苗钵抗破坏强度 Y_1 和轴向伸长率 Y_2 作为成型质量评价指标，采用四因素五水平二次通用旋转组合试验设计方案进行试验，试验因素水平编码表见表5－1。对试验采集的生物质育苗钵抗破坏强度和轴向伸长率进行回归分析，分别建立各因素与生物质育苗钵抗破坏强度和轴向伸长率的回归模型，对回归模型进行拟合优度检验和显著性检验，根据回归模型分析的结果确定不同因素及其交互作用对生物质育苗钵成型质量的影响规律，并确定茄果类蔬菜生物质育苗钵的成型工艺参数。

表5－1　试验因素水平编码表

水平	因素			
	成型压力 A/kN	成型温度 B/℃	物料含水率 C/%	秸秆质量分数 D/%
上星号臂(2)	160	180	18	12
上水平(1)	140	160	16	10
零水平(0)	120	140	14	8
下水平(－1)	100	120	12	6
下星号臂(－2)	80	100	10	4

5.2 试验结果

各试验方案及其对应的生物质育苗钵抗破坏强度和轴向伸长率试验结果见表5-2,试验过程中制备的部分茄果类蔬菜生物质育苗钵如图5-1所示,生物质育苗钵抗破坏强度及轴向伸长率测试过程如图5-2、图5-3所示。

表5-2 四因素五水平二次通用旋转组合试验设计方案及结果

试验号	因素水平				抗破坏强度/N	轴向伸长率/%
	成型压力/kN	成型温度/℃	物料含水率/%	秸秆质量分数/%		
1	-1	-1	-1	-1	2 213.5	5.10
2	1	-1	-1	-1	2 836.2	4.98
3	-1	1	-1	-1	2 317.4	4.49
4	1	1	-1	-1	2 849.3	4.03
5	-1	-1	1	-1	898.9	10.17
6	1	-1	1	-1	1 874.6	6.66
7	-1	1	1	-1	1 278.3	8.86
8	1	1	1	-1	2 132.1	6.48
9	-1	-1	-1	1	2 172.0	5.89
10	1	-1	-1	1	2 280.6	5.48
11	-1	1	-1	1	2 538.8	6.17
12	1	1	-1	1	2 640.9	5.66
13	-1	-1	1	1	1 369.2	8.99
14	1	-1	1	1	1 689.3	4.35
15	-1	1	1	1	2 153.7	8.97
16	1	1	1	1	2 189.4	6.37
17	-2	0	0	0	1 032.1	6.03
18	2	0	0	0	1 987.4	4.50
19	0	-2	0	0	1 602.9	8.10
20	0	2	0	0	2 203.1	6.66
21	0	0	-2	0	3 025.2	4.84
22	0	0	2	0	1 663.2	8.52
23	0	0	0	-2	2 916.1	2.82
24	0	0	0	2	2 890.4	6.76

表5－2(续)

试验号	因素水平				抗破坏强度/N	轴向伸长率/%
	成型压力/kN	成型温度/℃	物料含水率/%	秸秆质量分数/%		
25	0	0	0	0	2 974.5	3.16
26	0	0	0	0	2 880.3	2.67
27	0	0	0	0	2 965.6	2.21
28	0	0	0	0	2 889.6	3.51
29	0	0	0	0	2 836.2	4.26
30	0	0	0	0	2 902.7	3.70
31	0	0	0	0	2 908.2	3.25

图5－1　部分茄果类蔬菜生物质育苗钵

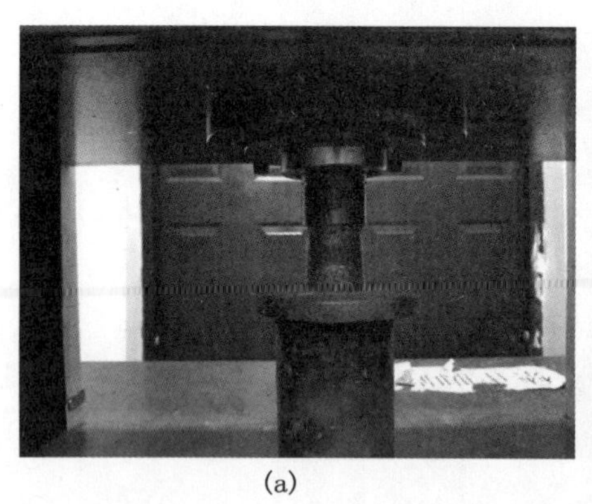

(a)

(b)

图5－2　生物质育苗钵抗破坏强度测试试验

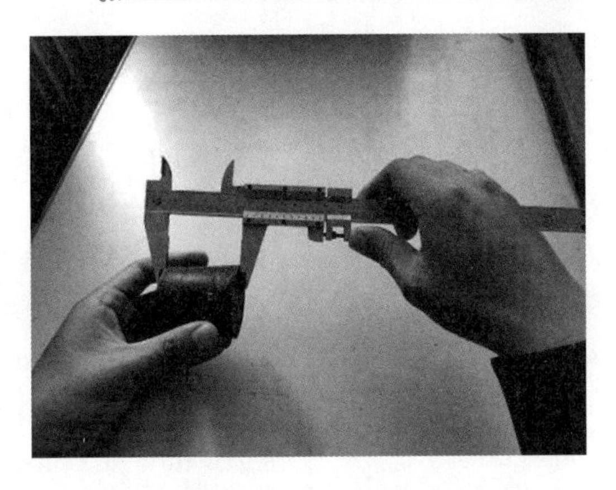

图5-3 生物质育苗钵轴向伸长率测试试验

5.3 试验结果回归分析

5.3.1 抗破坏强度回归模型建立及显著性分析

将制备的生物质育苗钵在室内常温条件下放置48 h,测试其抗破坏强度,并对试验结果进行回归分析,建立生物质育苗钵成型质量影响因素与抗破坏强度之间的回归方程:

$$Y_1 = -24\,943.93 + 251.98X_1 + 163.12X_2 + 273.02X_3 - 148.68X_4 - 0.08X_1X_2 + 1.28X_1X_3 - 3.78X_1X_4 + 1.68X_2X_3 + 1.97X_2X_4 + 28.15X_3X_4 - 0.91X_1^2 - 0.66X_2^2 - 38.39X_3^2 - 3.45X_4^2 \quad (5-1)$$

在 $\alpha = 0.05$ 显著水平下,对式(5-1)的回归方程进行方差分析和显著性检验,分析结果见表5-3。

表5-3 抗破坏强度回归方程方差分析

变异来源	平方和	自由度	均方	F值	P值
模型 Model	1.164×10^7	14	8.312×10^5	130.91	<0.000 1
X_1	1.243×10^6	1	1.243×10^6	195.72	<0.000 1
X_2	6.554×10^5	1	6.554×10^5	103.22	<0.000 1
X_3	3.365×10^6	1	3.365×10^6	530.05	<0.000 1
X_4	14 123.20	1	14 123.20	2.22	0.155 3
X_1X_2	15 850.81	1	15 850.81	2.50	0.133 7
X_1X_3	42 025.00	1	42 025.00	6.62	0.020 4

表 5-3(续)

变异来源	平方和	自由度	均方	F 值	P 值
X_1X_4	3.653×10^5	1	3.653×10^5	57.53	<0.000 1
X_2X_3	72 549.42	1	72 549.42	11.43	0.003 8
X_2X_4	98 878.80	1	98 878.80	15.57	0.001 2
X_3X_4	2.029×10^5	1	2.029×10^5	31.96	<0.000 1
X_1^2	3.751×10^6	1	3.751×10^6	590.75	<0.000 1
X_2^2	1.991×10^6	1	1.991×10^6	313.56	<0.000 1
X_3^2	6.743×10^5	1	6.743×10^5	106.20	<0.000 1
X_4^2	5 442.25	1	5 442.25	0.86	0.368 3
残项	1.016×10^5	16	6 349.27		
失拟	87 559.33	10	8 755.93	3.74	0.059 8
误差项	14 029.06	6	2 338.18		
总误差	1.174×10^7	30			

注:$R^2=0.99$,校正 $R^2=0.98$,相对精度 37.07。

该回归方程模型 $F=130.91>F_{0.01}(14,16)=3.54$,$P<0.000\ 1$,结果表明该回归模型极显著;决定系数 $R^2=0.99$,表明该回归模型拟合情况较好,约有 99% 的抗破坏强度变化情况可用该模型解释,试验误差较小;模型失拟 $F=3.74<F_{0.01}(10,6)=4.06$,$P=0.06>0.05$,表明该模型拟合不足不显著,因此该回归模型可以用于生物质育苗钵抗破坏强度的预测。该模型中成型压力(X_1)、成型温度(X_2)、物料含水率(X_3)、成型压力与秸秆质量分数(X_1X_4)、成型温度与物料含水率(X_2X_3)、成型温度与秸秆质量分数(X_2X_4)、物料含水率与秸秆质量分数(X_3X_4)、成型压力二次项(X_1^2)、成型温度二次项(X_2^2)、物料含水率二次项(X_3^2)对生物质育苗钵抗破坏强度的影响达到极显著水平;成型压力与物料含水率(X_1X_3)对生物质育苗钵抗破坏强度的影响达到显著水平,其他各项对生物质育苗钵抗破坏强度的影响不显著。通过回归方程方差分析结果可以得出,各因素对生物质育苗钵抗破坏强度影响的主次顺序为物料含水率、成型压力、成型温度、秸秆质量分数。在 $\alpha=0.05$ 显著水平下,剔除不显著项可得

$$Y_1=-23\ 218.68+240.08X_1+152.65X_2+262.74X_3+1.28X_1X_3-3.78X_1X_4+1.68X_2X_3+1.97X_2X_4+28.15X_3X_4-0.90X_1^2-0.66X_2^2-38.02X_3^2 \quad (5-2)$$

5.3.2 轴向伸长率回归模型建立及显著性分析

将茄果类蔬菜生物质育苗钵在室内常温条件下放置 48 h,测量其高度变化情况,计算生物质育苗钵轴向伸长率,并对试验结果进行回归分析,建立生物质育苗钵成型质量影响因素与轴向伸长率之间的回归方程:

$$Y_2 = 100.53 - 0.16X_1 - 0.93X_2 - 3.06X_3 - 0.73X_4 + 0.0004X_1X_2 - 0.02X_1X_3 - 0.003X_1X_4 + 0.003X_2X_3 + 0.009X_2X_4 - 0.13X_3X_4 + 0.001X_1^2 + 0.003X_2^2 + 0.23X_3^2 + 0.11X_4^2 \quad (5-3)$$

在 $\alpha = 0.05$ 显著水平下，对式(5－3)的回归方程进行方差分析和显著性检验，分析结果见表5－4。

表5－4　轴向伸长率回归方程方差分析

变异来源	平方和	自由度	均方	F 值	P 值
模型 Model	119.88	14	8.56	11.85	<0.000 1
X_1	13.04	1	13.04	18.04	0.000 6
X_2	0.50	1	0.50	0.69	0.417 1
X_3	29.06	1	29.06	40.20	<0.000 1
X_4	3.37	1	3.37	4.66	0.046 4
X_1X_2	0.47	1	0.47	0.64	0.433 9
X_1X_3	8.45	1	8.45	11.69	0.003 5
X_1X_4	0.18	1	0.18	0.25	0.626 0
X_2X_3	0.16	1	0.16	0.22	0.642 3
X_2X_4	1.90	1	1.90	2.62	0.124 7
X_3X_4	4.09	1	4.09	5.66	0.030 2
X_1^2	9.22	1	9.22	12.76	0.002 5
X_2^2	34.39	1	34.39	47.57	<0.000 1
X_3^2	24.29	1	24.29	33.60	<0.000 1
X_4^2	5.77	1	5.77	7.98	0.012 2
残项	11.57	16	0.72		
失拟	8.85	10	0.88	1.95	0.212 8
误差项	2.72	6	0.45		
总误差	131.45	30			

注：$R^2 = 0.91$，校正 $R^2 = 0.84$，相对精度10.46。

该回归方程模型 $F = 11.85 > F_{0.01}(14,16) = 3.54$，$P < 0.0001$，表明该回归模型极显著；决定系数 $R^2 = 0.91$，表明该回归模型拟合情况较好，约有91%的轴向伸长率变化情况可用该模型解释；模型失拟 $F = 1.95 < F_{0.01}(10,6) = 4.06$，$P = 0.21 > 0.05$，表明该模型拟合不足不显著，因此该回归模型可以用于生物质育苗钵轴向伸长率的预测。该模型中成型压力(X_1)、物料含水率(X_3)、成型压力与物料含水率(X_1X_3)、成型压力二次项(X_1^2)、成型温度二次项(X_2^2)、物料含水率二次项(X_3^2)对生物质育苗钵轴向伸长率的影响达到极显著水平，秸秆质量分数(X_4)、物料含水率与秸秆质量分数(X_3X_4)及秸秆质量分数二次项(X_4^2)对生物质育苗钵轴向伸长率的影响达到显著水平,其他各项对生物质育苗钵轴向伸长率无显著影响。通过回归方程方差分析可以看出,各因素对生物质育苗钵轴向伸长率影响的主次顺序为物料含水率、成型压力、秸秆质量分数、成型温度。在 $\alpha = 0.05$ 显著水平下,剔除不显著项可得

$$Y_2 = 81.32 - 0.12X_1 - 0.77X_2 - 2.71X_3 + 0.16X_4 - 0.02X_1X_3 - 0.13X_3X_4 + 0.001X_1^2 + 0.003X_2^2 + 0.23X_3^2 + 0.11X_4^2 \tag{5-4}$$

5.4 试验结果优化分析

对四因素五水平二次通用旋转组合试验中的试验结果进行响应面效应分析,得出各试验因素对生物质育苗钵抗破坏强度和轴向伸长率影响情况分别如图 5-4、图 5-5 所示。

5.4.1 抗破坏强度响应面分析及优化

成型压力与物料含水率在其他各因素为 0 水平条件下对生物质育苗钵抗破坏强度的影响情况如图 5-4(a)所示,当成型压力一定时,育苗钵抗破坏强度随着物料含水率的增加呈先增大后减小的趋势,且减小趋势更为明显;当成型物料含水率一定时,育苗钵抗破坏强度随着成型压力的增加逐渐增大后趋于平缓。成型压力与秸秆质量分数在其他各因素为 0 水平条件下对生物质育苗钵抗破坏强度的影响情况如图 5-4(b)所示,当成型压力低于 0 水平时,育苗钵抗破坏强度随着秸秆质量分数的增加逐渐增大,当成型压力高于 0 水平时,育苗钵抗破坏强度随着秸秆质量分数的增加逐渐减小,减小趋势并不明显;当秸秆质量分数一定时,育苗钵抗破坏强度随着成型压力的增加先增大后趋于不变。成型温度与物料含水率在其他各因素为 0 水平条件下对生物质育苗钵抗破坏强度的影响情况如图 5-4(c)所示,当成型温度一定时,随着成型物料含水率的增加,育苗钵抗破坏强度呈先增大后减小的趋势,抗破坏强度在物料含水率为 12% 左右时出现峰值,此时继续提高物料含水率,生物质育苗钵抗破坏强度逐渐减小;当物料含水率一定时,随着成型温度的升高,育苗钵抗破坏强度呈先增大后减小的趋势,且物料含水率越高,抗破坏强度的变化趋势越不明显。成型温度与秸秆质量分数在其他各因素为 0 水平条件下对生物质育苗钵抗破坏强度的影响情况如图 5-4(d)所示,当成型温度低于 0 水平时,育苗钵抗破坏强度随着秸秆质量分数的增加逐渐减小,当成型温度高于 0 水平时,育苗钵抗破坏强度随着秸秆质量分数的增加逐渐增大;当秸秆质量分数一定时,育苗钵抗破坏强度随着成型温度的升高呈先增大后减小的趋势。物料含水率与秸秆质量分数在其他各因素为 0 水平条件下对生物质育苗钵抗破坏强度的影响情况如图 5-4(e)所示,当物料含水率低于 0 水平时,随着秸秆质量分数的增加育苗钵抗破坏强度逐渐减小,当物料含水率高于 0 水平时,育苗钵抗破坏强度随着秸秆质量分数的增

加逐渐增大；当秸秆质量分数一定时，育苗钵抗破坏强度随着物料含水率的增加逐渐减小。利用 Design - Expert 响应面分析软件，以抗破坏强度为响应值，确定成型工艺参数：成型压力为 129 kN，成型温度为 140.7 ℃，物料含水率为 12%，秸秆质量分数为 6%，育苗钵抗破坏强度最大值为 3 279.4 N。

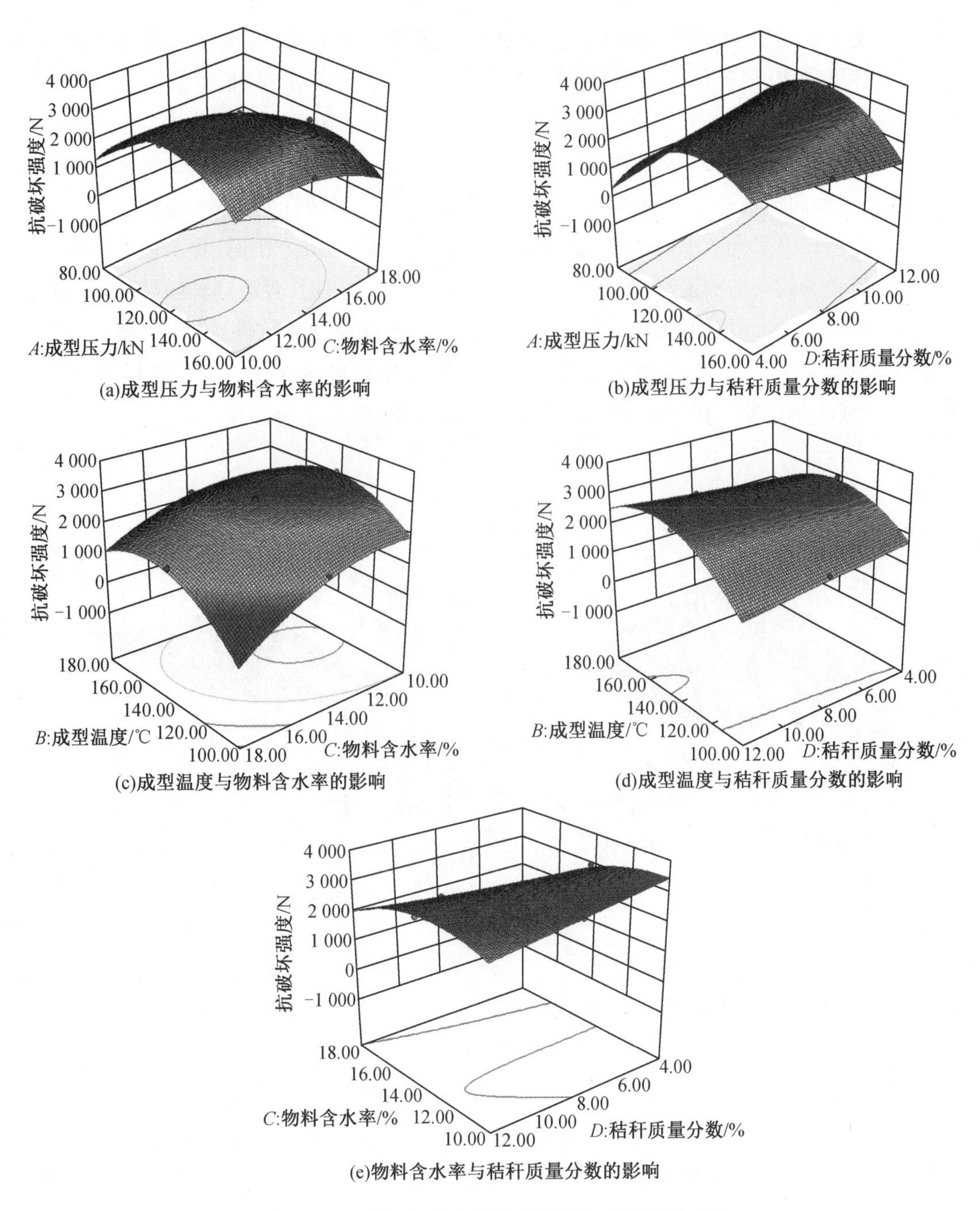

(a)成型压力与物料含水率的影响

(b)成型压力与秸秆质量分数的影响

(c)成型温度与物料含水率的影响

(d)成型温度与秸秆质量分数的影响

(e)物料含水率与秸秆质量分数的影响

图 5 - 4　各因素对生物质育苗钵抗破坏强度的影响

5.4.2 轴向伸长率响应面分析及优化

成型压力与物料含水率在其他各因素为0水平条件下对生物质育苗钵轴向伸长率的影响情况如图5－5(a)所示，当成型压力一定时，育苗钵轴向伸长率随着物料含水率的增加呈先减小后增大的趋势，当物料含水率低于0水平时，育苗钵轴向伸长率随着成型压力的增加先减小后逐渐增大，但变化趋势并不明显；当物料含水率高于0水平时，育苗钵轴向伸长率随着成型压力的增加逐渐减小。物料含水率与秸秆质量分数在其他各因素为0水平条件下对生物质育苗钵轴向伸长率的影响情况如图5－5(b)所示，当秸秆质量分数处于0水平以下时，育苗钵轴向伸长率随着物料含水率的增加逐渐增大，当秸秆质量分数高于0水平时，育苗钵轴向伸长率呈先减小后增大的趋势；当物料含水率低于0水平时，育苗钵轴向伸长率随着秸秆质量分数的增加逐渐增大，当物料含水率高于0水平时，育苗钵轴向伸长率随着秸秆质量分数的增加无明显变化。利用Design－Expert响应面分析软件，以轴向伸长率为响应值，确定成型工艺参数：成型压力为123.1 kN，成型温度为141.3 ℃，物料含水率为12.5%，秸秆质量分数为6.3%，轴向伸长率最小值为2.61%。

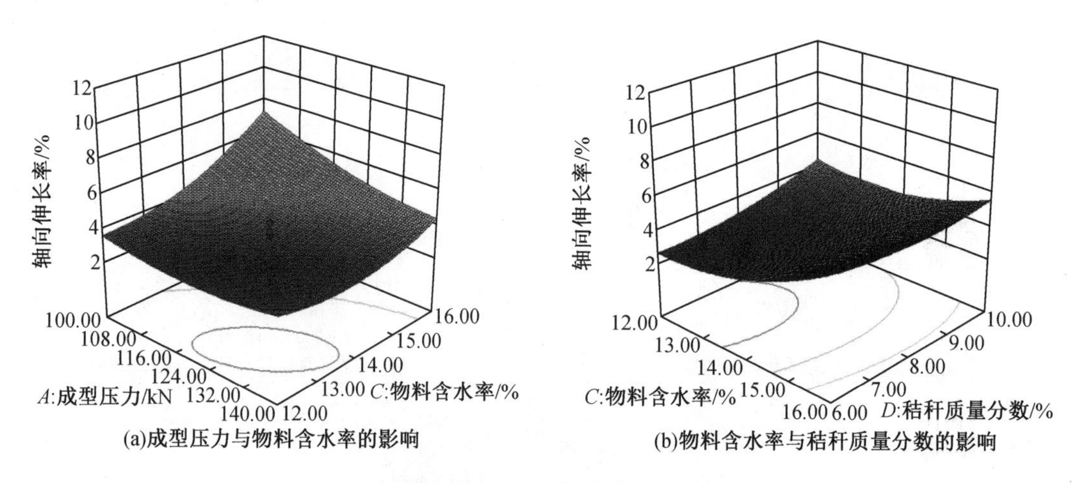

(a)成型压力与物料含水率的影响　　(b)物料含水率与秸秆质量分数的影响

图5－5　各因素对生物质育苗钵轴向伸长率的影响

5.4.3 响应面综合优化分析

通过以上分析，利用Design－Expert响应面分析软件对试验结果进行优化分析。以生物质育苗钵抗破坏强度和轴向伸长率为响应值，权重(weight)为0.5，分别将抗破坏强度、轴向伸长率的目标参数设为最大值(maximize)和最小值(minimize)，优化结果为$X_1=0.306$，$X_2=0.055$，$X_3=-1.00$，$X_4=-1.00$，通过编码值转化为实际值可得：成型压力为126.1 kN，成型温度为141.1 ℃，物料含水率为12%，秸秆质量分数为6%，该条件下育苗钵抗破坏强度预测值为3 271.4 N，轴向伸长率预测值为2.69%。在成型温度与秸秆质量分数一定时，成型压力与物料含水率交互作用等高线如图 5－6 所示。

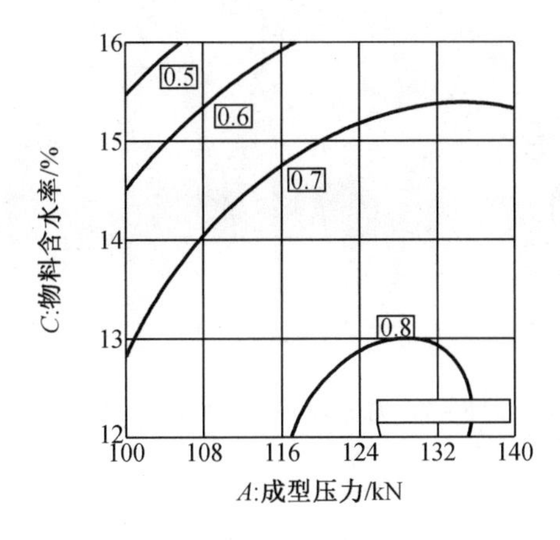

图 5－6　成型压力与物料含水率交互作用等高线图

5.5　试验验证

按照以上试验参数进行 5 次验证试验，各试验数据结果及误差分析见表 5－5。

表 5－5　试验结果

抗破坏强度				轴向伸长率		
序号	实际值/N	预测值/N	相对误差/%	实际值/%	预测值/%	相对误差/%
1	3 208.5	3 271.4	0.019	2.82	2.69	0.048
2	3 325.7	3 271.4	0.017	2.26	2.69	0.160
3	3 199.2	3 271.4	0.022	2.62	2.69	0.026
4	3 246.4	3 271.4	0.008	2.37	2.69	0.119
5	3 289.9	3 271.4	0.006	2.59	2.69	0.037
均值	3 253.9	3 271.4	0.005	2.53	2.69	0.059

根据误差分析结果可得：抗破坏强度和轴向伸长率的相对误差分别为 0.005%、0.059%，在该工艺参数组合条件下，可获得较优的试验结果，成型坯块抗破坏强度均值为 3 253.9 N，轴向伸长率均值为 2.53%，以最优参数组合制备的茄果类蔬菜生物质育苗钵如图 5－7 所示。试验测试结果与预测值相近，表明试验优化效果良好，达到预期目标。

图 5-7　茄果类蔬菜生物质育苗钵

5.6　本 章 小 结

本章以自主设计的生物质育苗钵成型试验装置为基础，根据单因素试验研究结果，设计四因素五水平二次通用旋转组合试验设计方案探究生物质育苗钵成型工艺参数，以成型压力、成型温度、物料含水率、秸秆质量分数为试验因素，以生物质育苗钵抗破坏强度和轴向伸长率为成型质量评价指标，并利用 Design - Expert 数据处理软件对试验数据进行分析处理，得出如下结论：

（1）建立各影响因素与生物质育苗钵抗破坏强度回归模型，确定各因素对育苗钵抗破坏强度影响的主次顺序为物料含水率、成型压力、成型温度、秸秆质量分数，当以抗破坏强度为响应值时，在成型压力为 129 kN，成型温度为 140.7 ℃，物料含水率为 12%，秸秆质量分数为 6% 时抗破坏强度有最大值，为 3 279.4 N。

（2）建立各影响因素与生物质育苗钵轴向伸长率回归模型，确定各因素对育苗钵轴向伸长率影响的主次顺序为物料含水率、成型压力、秸秆质量分数、成型温度，当轴向伸长率为响应值时，在成型压力为 123.1 kN，成型温度为 141.3 ℃，物料含水率为 12.5%，秸秆质量分数为 6.3% 时轴向伸长率有最小值，为 2.61%。

（3）利用 Design - Expert 响应面分析软件中 Optimization 模块对试验数据进行优化分析，以生物质育苗钵抗破坏强度最大值（maximize）和轴向伸长率最小值（minimize）为响应值，权重（weight）分别设置为 0.5，进行响应面分析，确定茄果类蔬菜生物质育苗钵最佳成型工艺参数组合为成型压力 126.1 kN，成型温度 141.1 ℃，物料含水率 12%，秸秆质量分数 6%，在该成型工艺参数组合下抗破坏强度预测值为 3 271.4 N，轴向伸长率预测值为 2.69%，按上述最优成型工艺参数组合进行试验验证，结果表明实际值与预测值误差较小，达到预期目标。

第6章　生物质育苗盘成型机理研究

6.1　育苗盘成型方式研究

多年以来，随着生物质压缩材料成型技术的发展，目前已经有多种成型工艺投入使用。其中的主要工艺特征大多存在不同，各有特点，但大体可将成型工艺分为湿压成型、热压成型和碳化成型[127]。

湿压成型过程中，用料含水率较高，一般要求用料的含水率超过50%。目前进行湿压成型工艺前先用两种方式对物料进行处理，一是在自然环境下浸泡原材料，二是将原材料储存在湿润的环境下。两种处理方式均实现了水解内部纤维素，改善内部结构的目的，通过施加压力，使内部剩余柔软的纤维素相互融合、嵌套，形成支撑结构。这种加工工艺操作简单，但在湿压成型后，需对成型件进行烘干，因此国内很少应用湿压成型工艺进行生物质压缩处理[135]。

热压成型是目前生物质压制成型应用最广泛的工艺，成型前将生物质原料进行粉碎加工，通过相关干燥方式对粉碎后的生物质原料进行处理，在生物质原料进入成型模具时进行加热处理，通过施加压力挤压成型，再经过一定保压时间，进行保型操作，最后释放压力，完成成型工作。热压成型工艺多用于生物质燃料颗粒的制备，生物质原料的水分要严格控制在10%左右，避免成型后出现膨胀、松垮等现象。

碳化成型可分为两种：一种是先成型后碳化，另一种是先碳化后成型。前者将生物质材料的成型和碳化分离，首先将生物质材料压实，形成密度较高的制品，然后将其放入碳化炉中进行碳化。第二种碳化成型工艺是先将生物质进行碳化，再利用成型工艺将碳粉压缩成型，这种成型方式一般需要在黏结剂的辅助下完成，否则颗粒状碳粉无法满足成型强度。这两种成型工艺都有各自的优点：第一种工艺比较实用，且也获得了广泛应用；第二种工艺可以得到一种具有高热值的成型碳，并可制得焦油及煤气的副产物。加入黏结剂可以降低成型工艺的能耗，减少机械损耗，若不使用黏结剂则需要更大的成型压力，从而增加成型过程的能源消耗和机械损耗，增加制备的费用。

通过集中成型方式的对比，湿压成型单纯通过纤维素机械堆叠挤压镶嵌定型，在烘干后可以保持成型后的材料形态，但再次遇水后这种纤维素还会被软化使材料的形态被破坏，在育苗过程中育苗盘会被水浸湿，因此湿压成型方式并不适用于生物质育苗盘的制备。碳化成型是将物料升温后再进行挤压成型，松散的生物质物料导热性能较差，因此利用碳化成型的方式制备生物质育苗盘，在压缩前使物料升温需要消耗更多的能量，且加热效率较低，同时成型前进行碳化工序，打碎了生物质内部的纤维素和木质素，致使生物质原料硬度降低，延长了成型模具的寿命，但由于生物质原料内部纤维素、木质素被破坏，致使内部无法形成支撑结构，因此并不适用于生物质育苗盘的制备。而现有的生物质热压成型工艺主要是针对生物质燃料颗粒成型，主要依靠内部纤维结构的机械镶嵌，因此成型时的物料含水率较低，木质素主要起到避免成型后的颗粒出现膨胀、松垮现象的作用。相比生物质成型燃料颗粒，育苗盘的结构复杂，低含水率的物料热压成型方式无法满足其结构填充的需求，需要物料在压缩过程中具备一定的流动性，且要使生物质物料内木质素较大程度地发挥黏结作用，以达到后期定型的目的。因此，本章采用先压缩后加热的热压成型方式，通过使生物质物料压缩后均匀加热的方法，增大木质素软化后在生物质物料内的渗透范围，在成型的同时使物料具备一定的耐水性，可以降低育苗过程中水对育苗盘的强度破坏。

6.2 育苗盘成型设备

在应用生物质等粗颗粒物料生产育苗钵方面，国内与国外的成型设备在外形和尺寸等方面都有很大的区别，形式各有特点，但是散物料成型的方式与固体物料等不同，具有自身特点，目前市面上应用的成型机械可大体分为两种：一种为压块成型机，另一种为颗粒成型机。想要把育苗盘的多种组成材质固定成为想要的形态，本试验需要采用压块成型机，因为压块成型机的工作原理和所压制物料的组成结构相比于颗粒成型机将粉状物料压制成模块时的强度等属性更加优异。按照机械工作时压制物料的原理大体可将压块成型机分为卷扭式、螺旋式、压辊式和活塞式[136]。其中，活塞式成型机按动力机构工作原理进行区分又可分为机械压力加压式和液压加压式。

6.2.1 成型设备的选取

根据成型原理的不同，现有的填料方式主要有挤压、压注、压缩和注射四种，挤压成型是目前几种方式中连续性最好、生产率最高的成型方式，但主要应用于塑料成型，且对成型物料的要求极高。相比之下压缩成型可对不同种类的原料进行成型处理，且操作简单，对成型模具要求不高，对粉粒状及纤维状物料材料处理最佳，美中不足在于成型周期较长。与压缩成型相似，压注成型经过对模具优化升级，提高了成型速度，但模具结构随之变得复杂，制作费用更高，还会浪费材料。

成型原理的不同，导致出现多种成型机具，如今使用较多的物料压制机械模具主要有活塞式成型机、卷扭式成型机、螺旋式成型机和压辊式成型机四种压制机械形式。在几种成型机械中，卷扭式成型机应用最少，因其对待成型的生物质原料要求苛刻，且成型后的材料易膨胀、变形、松散，难以长期贮存。压辊式成型机在几种成型机中生产效率最高，由于特殊的结构及工作原理,压辊式成型机只适用于具有较高含水率的生物质原料,致使成型后的材料需要烘干,且模具复杂、维修困难。螺旋式成型机应用较广,生物质原料在被压缩成型后具有较好的黏连作用,但成型后的材料结构松散且机器的零件损坏率高,机器使用寿命短。活塞式成型机根据动力来源的不同可分为机械式与液压式,无论哪种形式的活塞式成型机对生物质原料的要求均不高,是目前几种成型机中应用效果最好的。其中,机械式活塞成型机动力来自发动机,成型过程中由于单向挤压成型过程中生物质原料会与模具产生相对运动,进而引起摩擦带来额外功耗。液压式活塞成型机利用液压驱动,双向的压缩实现了压缩成型的连续化,提高了压缩成型率。此外,在压缩过程中生物质原料与模具由于液压活塞快速压缩产生的摩擦热会促进木质素软化,进而提高生物质原料的黏性,致使成型效果更好。

目前的研究中,依照不同机械的放料方法和成型原理,将模具加工物料成型方式分为以下四种:挤压成型、压注成型、压缩成型和注射成型。本节对目前市面上主要应用的四种成型方式的优势与劣势进行分析,并研究其适用范围。当对粒状、粉状及纤维状物料进行加压成型的时候,已知试验结果表明选择压缩成型的方式更为合适,并且在对目前已有的压缩成型机进行筛选的时候,选择比较简单的机械结构更为合适,使用与维修更为便捷。由于物料多是粒状、粉状及纤维状结构的混合体,因此最终确定采用液压活塞压缩成型设备制备生物质育苗盘。

6.2.2 生物质育苗盘成型模具基本特点

1. 模具结构

以牛粪和粉碎秸秆为主要原料的生物质物料为黏弹性物料,把松散的物料压制成具有特定形状和密实度的育苗盘是一个改变物质结构的过程,本章研究的育苗盘生物质物料中牛粪占大量的比例,因此在压缩时,达到一定含水率的生物质物料会存在如流体一般的流动性,但是因为育苗盘为固体,自身的流动性能与粉末状的散粒物料相比较弱,更是大大低于液体,所以育苗盘的性质不同于流体,也同样不同于散粒体。

预试验研究结果表明,使用闭式压力模具对物料进行加压,最后育苗盘的压制对物料成型的效果较好,增加压力的方式可以更为容易地使物料成型。因此,在目前研究的基础上对试验进行优化,在试验中计划选择成型效果更好的加压方式,即闭式模压压缩成型法。在模具的制作上,本试验沿用课题组前期研发设计的液压式玉米育苗盘成型压缩模具(图6-1),对玉米生物质钵育移栽盘进行压制。模具的设计严格按照成型时所需工艺要求,其结构主要可以分成支撑结构零件和压缩物料成型部件。其中,成型部件又分为凸模、凹模、料框、退盘板和底座,在压缩物料制作育苗盘时,模具和育苗盘成型所需物料有直接接触,是育苗盘可以成型的重要步骤。其他起到支撑整机作用的零件有长拉杆、退盘拉杆、上下限位杆、负责提升凹模的弹簧组件和提高精准程度的定位销等,这些支撑零件在压制育苗盘时不直接和材料接触,只对整个机械起到良好安装和精准定位的作用,对育苗盘的实际制作与成形效果不会有直接影响。图6-2为模具的结构示意图。

图 6－1　液压式玉米育苗盘成型压缩模具

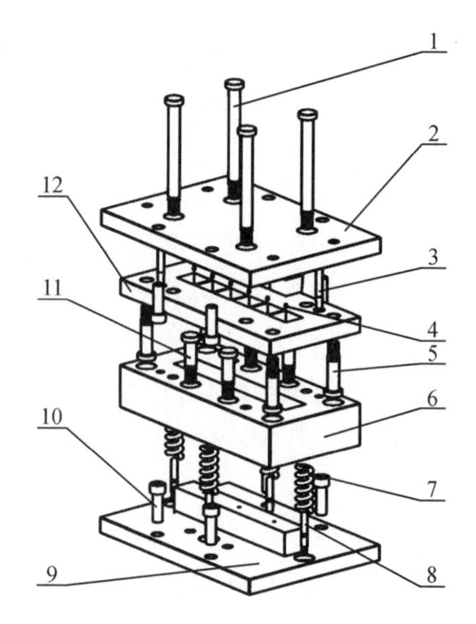

1—长拉杆；2—顶板型芯；3—定位销；4—头钉；
5—上限位杆；6—料框；7—弹簧；8—弹簧附杆；
9—底座；10—内六角螺栓；11—下限位杆；12—退盘板。

图 6－2　玉米育苗盘成型模具结构示意图

2. 玉米育苗盘成型后结构和理论参数

玉米育苗盘压缩成型模具压制的玉米育苗盘的长×宽×高为 276.5 mm×42 mm×35 mm，具体结构和总体尺寸如图 6－3 所示。其中单个钵穴的长×宽×高为 35 mm×42 mm×31.5 mm，穴孔体积为 46 305 mm^3。设计的玉米育苗盘的体积、表面积等物理参数如下：

（1）玉米育苗盘的体积 $V=128\ 625\ mm^3$；

（2）玉米育苗盘的表面积 $S_b=365.54\ mm^2$；

（3）玉米育苗盘单穴钵孔的体积 $V_d=46\ 305\ mm^3$；

（4）玉米育苗盘穴孔总体积 $V_z=27\ 783\ mm^3$。

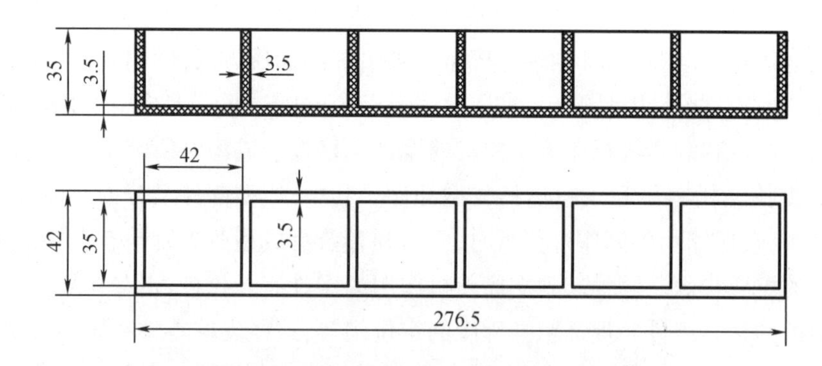

图 6－3　玉米育苗盘整体尺寸（单位：mm）

6.2.3　模具加热功能设计

通过对木质素黏结机理的研究发现，现有的玉米育苗盘成型模具的压缩成型是在室温条件下进行的，在生物质物料压缩过程中，由于粒子间挤压摩擦使物料温度有所提升，但温度远达不到木质素的加速软化温度（170 ℃）[137]，因此被压缩生物质物料内的木质素无法在成型压强下液化析出。为使生物质物料在压缩后达到木质素玻璃化转变温度，还需在现有模具压缩功能基础上，对玉米育苗盘成型模具设计加热功能，使其内部物料实现升温。

1. 模具加温设备及方式研究

前文生物质试块压制模具中利用陶瓷加热圈对钢制圆环料框进行加热，选用陶瓷加热圈加热时，加热圈中石英加热管通电后会使模具加热，发出的热量通过料框传递至活塞压缩柱，模具内生物质物料被钢质圆环料框内壁和活塞压缩柱下表面传递的温度加热并软化。而玉米育苗盘成型模具为长方体，且结构相比生物质试块压制模具复杂得多，由于石英加热管的脆性和不可弯折性，因此并不适用于现有玉米育苗盘成型模具实现加温功能。

目前加热设备中，大多为电阻丝加热和石英加热[138]，而这两种形式的加热效率相对较低，主要是依靠两种物质通电后对自身进行加热，再将自身热量传递给模具，用这种热传导的方式达到加热模具的效果。此类方式的加热效果热量利用率峰值只有50%左右，其余大约50%的热量将会流失到空气当中。除电阻丝和石英加热这种间接加热方式外，电磁感应加热是一种使金属材料自身发热的直接加热方式[139]。

电磁感应加热的原理是感应加热源所产生的交变电流通过电磁感应线圈产生交变磁场，将具有导磁性的物质放置其中，使得交变磁力线被切割，从而在导磁性的物体内部产生涡流，涡流会使导磁性物体中心的原子进行高速无规则运动，原子之间相互碰撞所产生的摩擦会生成一定的热能，从而使模具从内部得到加热[140]。因此，电磁线圈可以将电能经过磁化较好地转化成热能，是一种使被加热的磁性体通过磁能导致粒子碰撞进而转化成热能的方式。这种加热形式可以从根本上解决电阻丝加热和石英加热通过外部加热传导到内部所造成电量和热量浪费的情况。在能量消耗方面，电磁感应加热通过电流产生磁场，导致导磁性模具从内部向外发热，在模具外部包裹上保温材质，防止模具从内部散发的热量过快流失，此种方式的热量利用效率可达到95%以上，经理论分析，可使电力流失效果减少50%以上，而在实际情况下，需要计算各种量级的电磁感应加热控制器拥有的不同的能量转换效率，其转换的热能的能量有所不同，还应考虑到生产时设备的摆设与所在工作环境等因素的不同，由此计算得到多种电磁线圈加热方式的节能效果平均至少可达到30%左右，最高能够达到

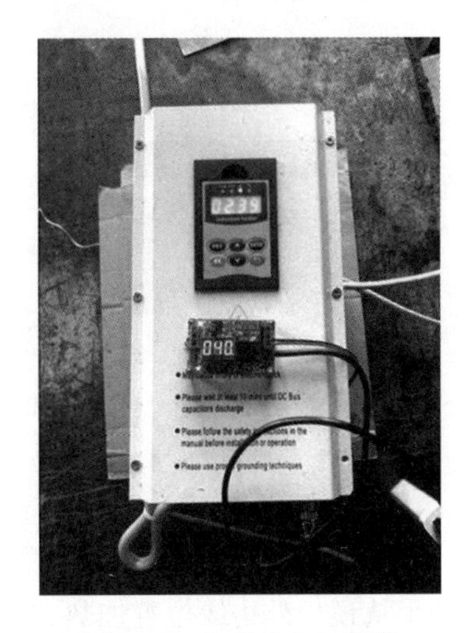

图6-4　电磁感应加热器

70%[141]。因此,本章选用电磁感应加热作为模具升温的加热方式。电磁感应加热器如图6-4所示,参数见表6-1。

表6-1 电磁感应加热器参数

项目	参数性能
额定功率	3.5 kW、5 kW/220 V 两款
额定电压频率	AC 220 V/50 Hz
电压适应范围	100~260 V、210~260 V 时恒定功率输出
功率调节范围	20%~100%无级调节
热转换效率	≥95%
有效功率	≥85%
工作频率	5~40 kHz
主电路结构	半桥式串联谐振
控制系统	基于DSP高性能高速处理控制系统

2. 模具加温位置研究

确定了玉米育苗盘成型模具的加温方式,但不同的加温位置也会影响模具内物料升温效率和分布,因此需要对玉米育苗盘成型模具的加温位置进行研究。根据玉米育苗盘的结构特点,理论上从育苗盘穴孔内壁和育苗盘外壁位置上进行加热,通过内外共同受热使育苗盘整体达到玻璃化转变温度的效率最高,且温度分布最均匀。结合玉米育苗盘成型模具压缩后形态(图6-5),与模具内压缩成型的玉米育苗盘接触的部件为顶板型芯、退盘板、料框以及底座。其中,玉米育苗盘模具压缩过程中育苗盘穴孔内壁接触部件为顶板型芯,育苗盘外壁接触部件为料框,育苗盘底接触部件为底座,因此通过对顶板型芯和料框加热,玉米育苗盘升温效率较高。

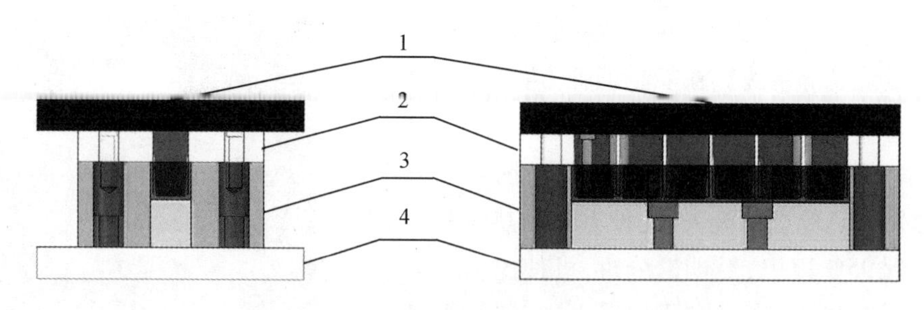

1—顶板型芯;2—退盘板;3—料框;4—底座。

图6-5 玉米育苗盘成型模具压缩后形态

玉米育苗盘压缩后,顶板型芯处于模具内部,因此从内部加热难以实现对型芯直接升温,如果从顶板外边缘位置加热,热量传递至型芯位置,能量损耗较大,在该位置加热并不合理。成型后,料框内壁与成型育苗盘外壁紧密接触,除顶板型芯外料框内壁与压缩后生物质材料接触面积最大,因此通过使料框升温,温度可有效传递给玉米育苗盘。由于较大的接触面积理论上温度传递均匀,因此确定在料框位置进行加热,将电磁感应线圈缠绕至料框外表面,使料框在电磁感应作用下升温达到对其内部生物质物料加热的目的。安装电磁感应线圈后的模具如图 6-6 所示。

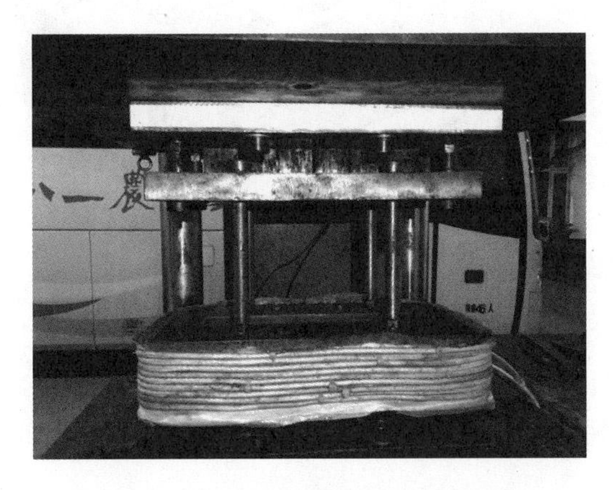

图 6-6 安装电磁感应线圈后的模具

电磁感应加热的工作频率不同,电磁线圈涡流升温深度位置不同,工作频率与加热深度的关系如经验公式(6-1),模具外部包裹厚度为 5 mm 的玻璃隔热棉,为穿透玻璃隔热棉在模具外框形成涡流升温层,依据所用的电磁感应加热器频率阶梯调节区间,选取 20 kHz 计算加热深度为 6.7 mm。

$$\delta = \frac{30}{\sqrt{f}} \tag{6-1}$$

式中 f——频率,kHz;

δ——加热深度,mm。

6.2.4 SolidWorks 玉米成型模具料框加温模拟

为模拟电磁感应加热器加热功率与升温后料框内壁的温度波谷值以及分布情况,为后期电磁感应功率范围调节提供参考,通过 SolidWorks 软件对玉米成型模具料框升温进行模拟。SolidWorks 是目前一款主流的三维设计软件之一,其中 SolidWorks Simulation 是一种基于有限元分析技术的设计分析软件,可以进行静态、频率、热等多方面分析。因此,在确定了加热方式后,通过 SolidWorks 2016 对玉米育苗盘成型模具料框进行三维建模,并运用 SolidWorks Simulation 功能模块对模具进行加热分析。

1. 料框模具三维模型的建立

启动 SolidWorks 2016 软件,点击界面文件,根据玉米育苗盘成型模具料框实际尺寸进行草图模型的绘制,并进行拉伸、打孔以及拉伸切除,完成料框模具的建立。料框整体尺寸为 373 mm × 182 mm × 80 mm,如图 6-7 所示。

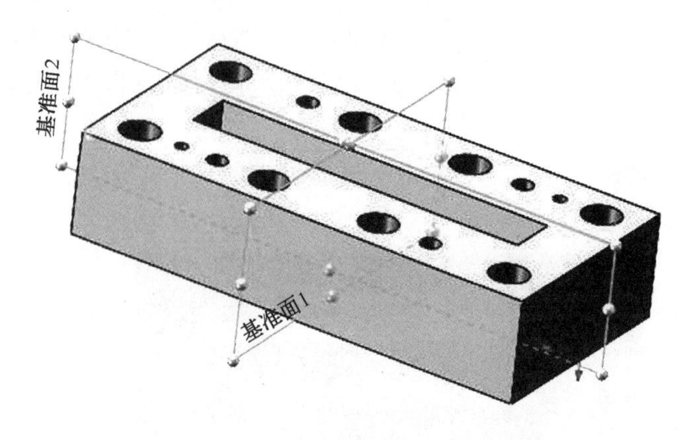

图 6-7　料框模具三维模型

2. 创建 SolidWorks Simulation 模拟热传导仿真项目

使用“向导”创建项目,在分析类型对话框的物理特性选项中,选择“热力分析”。进一步选择“项目属性”进行“瞬态”时间的设置,总的时间设置为 60 s,时间增量为 6 s,如图 6-8 所示。

图 6-8　项目类型选项及属性

3. 定义料框材料

根据零件实际材料属性,进行 SolidWorks 材质定义,右键点击零件,选择“应用材料到所有”,选择“普通碳素钢”,并点击“应用”,如图 6-9 所示。

4. 热载荷设置

点击“热载荷”,选择“环境温度”选项,进入温度界面设置,将环境温度设置为 300 K(软件中温度设置为绝对温标(K),1 K = -272.15 ℃,300 K = 26.85 ℃),设置完成,点击“确定”,如图 6-10 所示。

进一步选择热载荷中的“热量”选项，选择料框内侧四面作为接触面，根据空气热量传导设置内表面散热量为0.2 W，如图6-11所示。

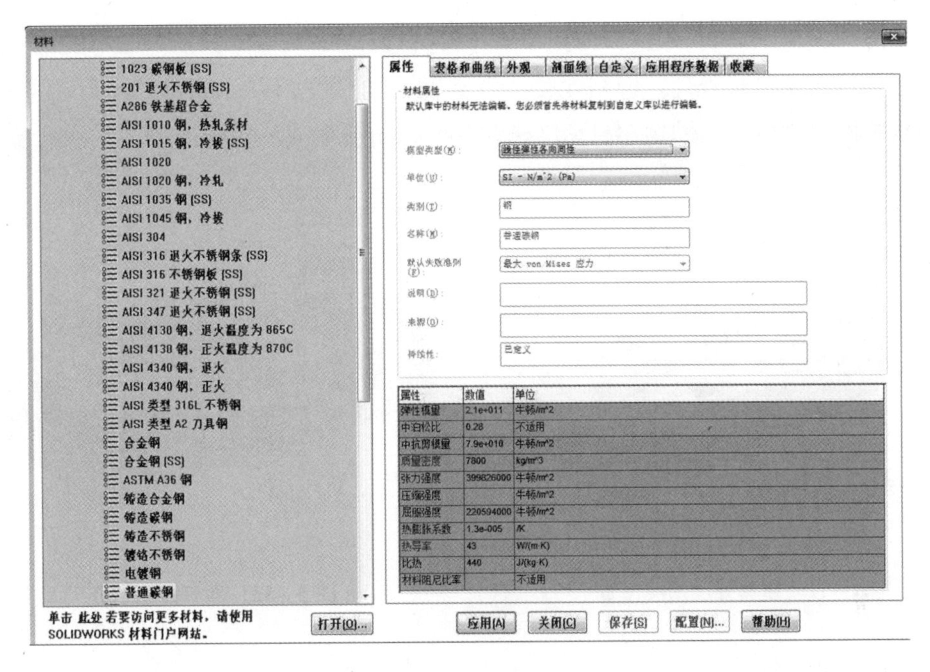

图6-9 料框材料定义

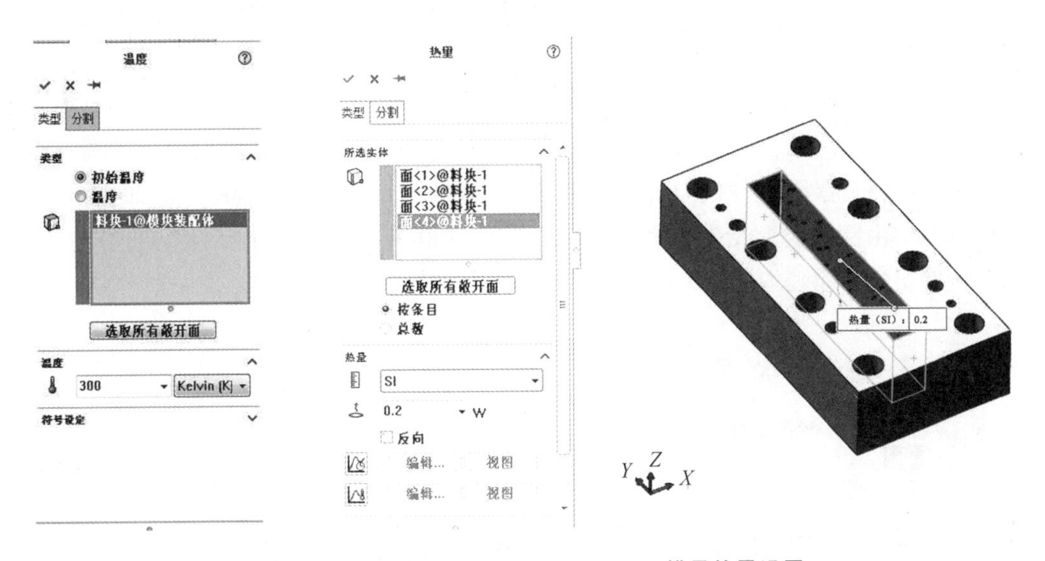

图6-10 模具初始温度设置

图6-11 模具热量设置

同时选择热载荷中的“对流”选项，选取模具外侧四个面，根据材料将对流系数设置为25 W/(m^2·K)，外部加热总环境温度根据电磁感应加热装置功率2 000 W、3 000 W和5 000 W对应加热值，模拟设置为430 K、600 K和960 K。前期模拟中，430 K加热温度条件下，料框内壁各点需要加热103 s才可达到170~270 ℃，效率较低。960 K模拟时，料框升温速度较快，24 s时料框内壁温度最高点超过270 ℃，但低点温度未达到170 ℃，料框内壁温差较大，不满足物料加热要求。因此，本章所展示图片均为 600 K 加热温度下的料框升温模拟结果。料框外部加温设置如图 6－12 所示。

5. 模具网格化设置

设定外部加温温度后，未进行模拟预算，需将料框从一个整体分区为细小的单元，因此需要对料框进行网格化处理。网格化是一种离散化的过程，利用 Simulation 自动网格处理对料框进行网格划分。模型运用自动网格划分形式如图 6－13 所示。

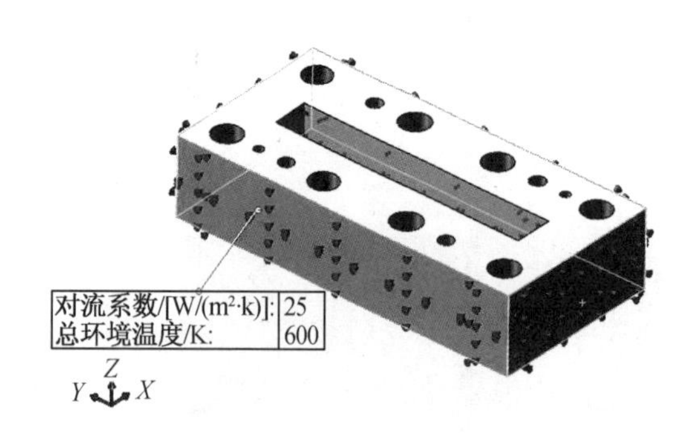

图 6－12　模具外部加温设置

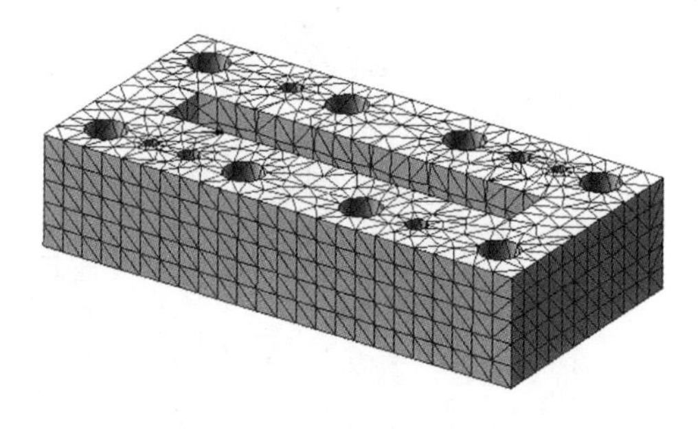

图 6－13　料框网格划分

6. 料框传热计算

网格划分和模具参数设置完成后，为运算传热和升温过程，需进行迭代求解，求解共 30 步进，算例自由度为 21 357，节数为 21 357，单元数为 13 397，如图 6－14 所示。

迭代求解后得到料框在 60 s 内的升温过程，料框在经过 20 s、40 s 和 60 s 时热力分布图分别如图 6－15、图 6－16 和图 6－17 所示。从图中可以看出，20 s 时温度还基本未从料框外部传入，料框外边角由于电磁感应线密集，温度已达加热峰值 600 K。加热 40 s 时，料框内部基本由深蓝变为浅蓝，温度约为 460 K（约 180 ℃）。加热 60 s 时温度变化趋于稳定，料框内壁温度分布较均匀。

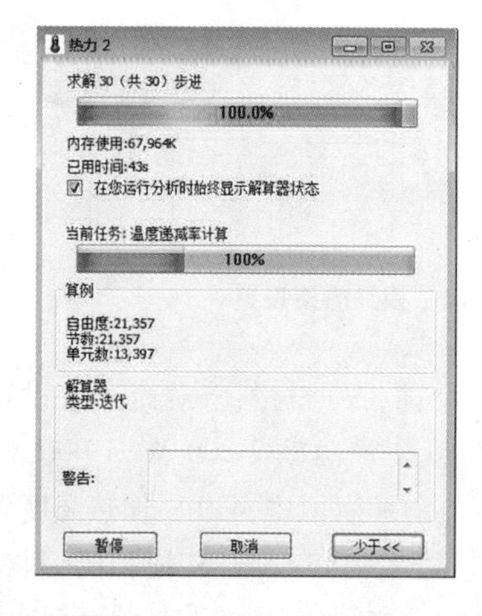

图 6－14　迭代计算过程

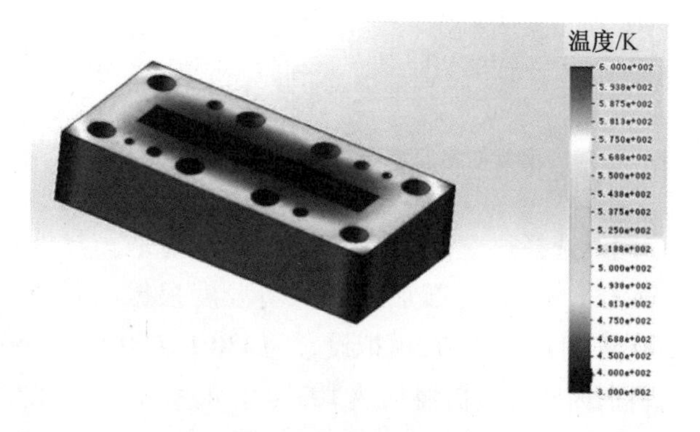

图 6－15　加热 20 s 时热力分布图

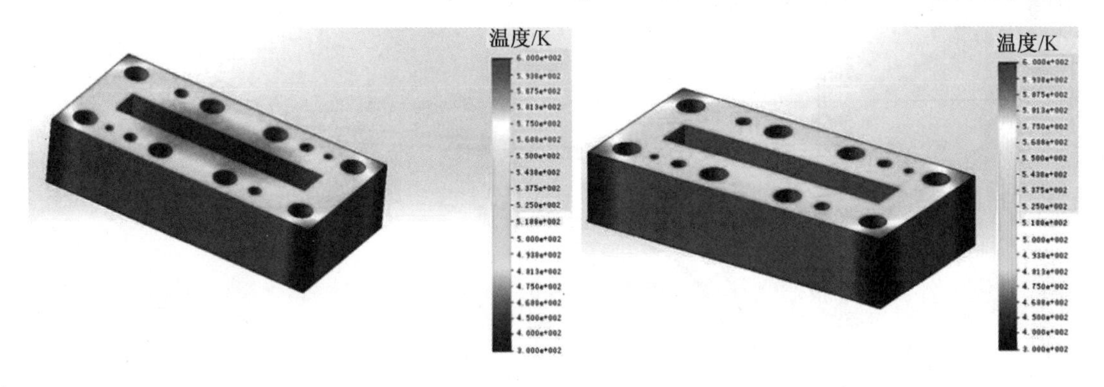

图 6－16　加热 40 s 时热力分布图　　　　图 6－17　加热 60 s 时热力分布图

进行料框模具点温度探测，根据升温模拟料框内壁温度变化特点，选取料框内壁两侧面中心点以及对角线中心点进行温度变化监测，检测点位置如图 6－18 所示。通过前期研究，点 1 为料框内壁温度高点，点 2 为育苗盘外端面加热中点，点 3 为育苗盘侧面加热中点，且为整个料框温度分布的最低点。三个点的模拟时间为 60 s，检测点温度随时间变化结果如图 6－19 所示。

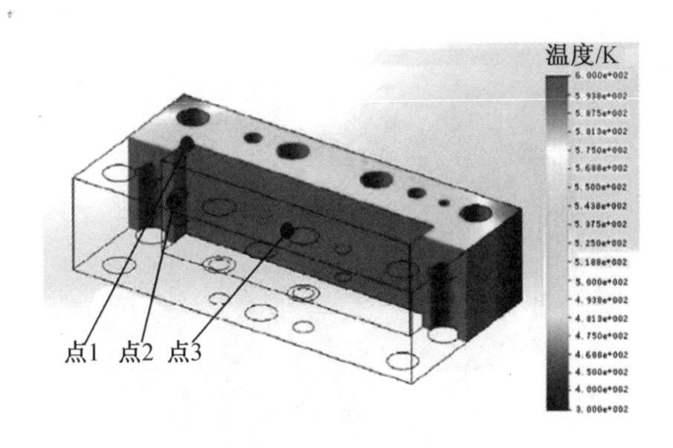

图 6－18　截面剪裁热力分布图

从图 6－19 中可以看出，点 1、点 2、点 3 的温度与加热时间呈现线性变化趋势，加热时间在 0～20 s 范围时，三点温度上升均较缓慢，加热时间超过 20 s 后，温度上升开始变得迅速。加热时间 60 s 时，料框内高温点点 1 的温度约为 540 K（约 267 ℃），低温点点 3 的温度为 480 K（约 207 ℃），均在内壁加热要求的 200～270 ℃之间。因此，试验中将所选取的电磁感应加热器的加热功率设置为 3 000 W，对室温下的模具料框加热时间设为 60 s，可达到模具的加热要求。

6.2.5　模具加温试验

1. 试验目的

检验改装后玉米成型模具的加热性能是否满足生物质物料热压成型时的加热需求。

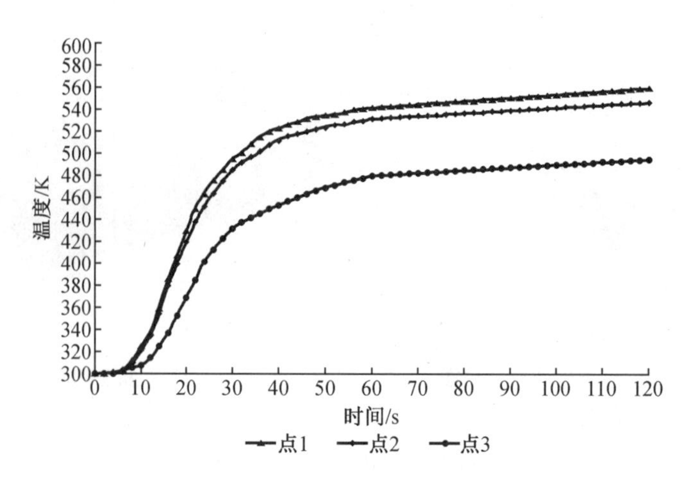

图 6－19　检测点温度探测结果

2. 试验设备和仪器

模具加温试验需玉米育苗盘成型模具、电磁感应加热器，温度分布检测仪器采用美国 LFIR 公司生产的 T420 型红外线热像仪（图 6－20），其参数见表 6－2。

图 6－20　T420 型红外线热像仪

表 6－2　T420 型红外线热像仪参数

项目	参数性能
型号	FLIR　T420
热灵敏度/NETD	<0.04 ℃@ +30 ℃
数字变焦	2 倍与 4 倍变焦
精度	±2 ℃或读数的 2%
目标温度范围	－20～120 ℃，0～650 ℃
红外分辨率	320×240 像素
焦距	18 mm
空间分辨率（IFOV）	1.36 mrad

表 6-2(续)

项目	参数性能
图像帧频	60 Hz
调焦	自动(单次拍摄)或手动
探测器类型	焦平面阵列(FPA),非制冷型红外探测器
波长范围	7.5~13 μm

3. 试验方法

根据 SolidWorks Simulation 的料框传热模拟结果,调整电磁感应加热器,设置输出功率为 3 000 W,开启加热的同时利用红外线热像仪监测模具料框的温度变化和分布情况,验证模具的加热性能。

4. 试验结果

热像仪成像结果如图 6-21 所示,从图中可以看出,料框温度实际分布情况与 SolidWorks Simulation 的料框传热模拟结果基本一致,模具加热性能满足生物质物料热压成型加热需求。加热时间为 40~60 s,料框内表面高点温度和低点温度的变换范围分别为,高点温度变化范围 209~266 ℃,低点温度变化范围 174~217 ℃,在木质素玻璃化转变和木质素热解温度范围内。

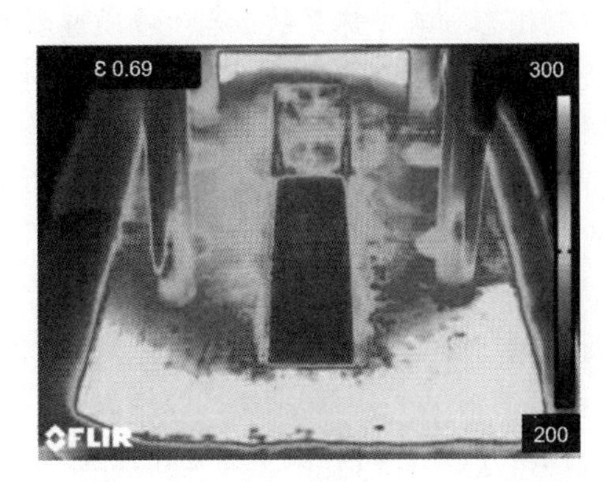

图 6-21 模具升温热像仪成像

6.3 生物质物料导热系数研究

在相同加热温度和温度传递厚度条件下,对材料完全加热所需时间受物料导热系数影响,因此需要确定选取的生物质物料导热系数,以及配比和成型参数对导热系数的影响规律,并以此通过模拟计算得到不同条件下制备生物质育苗盘所需的保温时间。

6.3.1 导热系数影响因素

1. 材料性质

由于不同生物质材料在宏观层面的表面特征以及微观层面的分子特性存在区别，使得其导热系数也存在一定的差异。组成生物质的成分多种多样，其表面传热和隔热特征也存在差异，经过一定程度的影响，可使木质素的传热能力和其本身导热系数随之产生变化。即使生物质由同一种物质构成，但由于微观结构性质或者生产工艺存在差异，也可能导致导热系数不同。研究表明，物料间孔隙小的生物质，结晶体导热系数最高，微结晶体较明显，而玻璃体状态下的导热系数较低。空隙率大的生物质物料，虽然属于晶体状态并具有玻璃态特性，但整体材料的导热系数不显著。

2. 温差

大多生物质的导热系数与温度和两表面温差呈线性相关，其系数随温度的增加而变大。其原理为：温度增加时，加快材料微观分子的不规则运动，其间粒子间孔隙的气体增多，内壁的辐射也有所提升。

3. 含水率

根据材料特性可以发现，生物质材料都具有保温的特性，且存在吸收湿气的性质。当生物质的湿度在6%～11%的情况下，水分将占据孔隙空间，从而增加导热系数。针对生物质自身而言，其内部水分以三相态影响导热系数。当生物质湿度增加时，导热系数也会随之发生变化，呈增加的趋势，且相对于其他的影响因素，最具显著性。其原理是水分的气液两相态可填充物料的孔隙，并且进行无规则运动，使得热量随之传导。水的导热系数为0.58 W/(m·K)，是空气的20倍，当水在高压或低温下以固态的形式存在于孔隙中时，其导热系数将提升到2.33 W/(m·K)，远大于液体状态[142]。

4. 孔隙率

根据相关文献定义的孔隙率，其可用生物质孔隙的部分体积之和与其整个物质的总体积之比来表示。在孔隙率不变的情况下，内部细小孔隙增大，其导热系数也随之提高。孔隙类型不同，导热系数也存在差异，往往将孔隙率分为相互连通型和封闭型两种类型。针对后者而言，孔隙率与导热系数呈负相关趋势。根据固体材料与气体材料的物理特性，固体往往比气体密度大。由此可知密度较小的物质，孔隙率较高，导热系数较低。在材料的孔隙率相同的情况下，孔隙增大，导热系数随之增大。

5. 容重

根据生物质材料对容重的定义，其大小直接体现孔隙率的作用情况。一般情况下，同一物质固体状态下的导热系数往往比气体形式的大，因此将孔隙率较大或者容重较小的生物质物料应用于保温产品的生产是最佳的选择。由此可知孔隙率和容重对导热系数的影响意义非凡，当提高孔隙率或者降低容重时，将会减小导热系数。对于非纤维素物料而言，能够保持温度差的物料的导热系数与其密度有关，二者呈现正相关趋势。而对于纤维素物料而言，其粒径大小、黏结液以及孔隙率的不同也会对材料特性产生较大的影响。当加热温度上升时，物料密度提高，可能会降低导热系数，由此可知标准的容重比例在其影响因素中占重要地位，因此有必要选取最佳的容重。当材料密度增大时，其导热系数呈负相关趋势，导热系数随着密度的变大而有所减小，因此最佳密度的概念定义为此时间段内最小导热系数条件下的密度值。

6. 粒径及分布

常温情况下，杂乱颗粒状态的物料导热系数会因粒径变小而有所减小。当材料粒径增大时，可导致物料粒子的空隙变大，气体的导热系数也有所提高。由此，粒径减小时，温度差对导热系数影响不大。而具有生物质成分的物料粒径大小与密度、空隙尺寸以及空隙率存在一定的关系，且这三种因素对物料导热系数的作用具有一定意义。同时物料颗粒的粒径存在的联系性状态也与其导热系数存在一定关系。试验结果验证，粒子的连续性较好时，颗粒之间可产生完全碰撞，而散乱性较大的物料颗粒不易产生完全碰撞，碰撞接触相对较少导致热阻较低。根据原理分析，具有生物质成分的物料的导热系数会被其他一些因素所干扰，其中粒子分布的连续性对导热系数的影响最为显著，粒子分布的连续性与物料的导热系数成正比例关系。

牛粪和秸秆的生物质结构不同，导热系数也不同，因此二者混合后生物质物料的材料性质、容重、物料平均粒径和分布都受牛粪与水稻秸秆质量比的影响。通过前期研究，因为生物质试块结构简单，成型压强超过 10 MPa 后生物质试块的密实度增加不明显，即孔隙率变化较小，因此只考虑牛粪与水稻秸秆质量比、含水率以及温度对导热系数的影响。

6.3.2　生物质物料导热系数影响单因素试验

1. 试验目的

通过导热系数单因素试验初步确定物料配比与含水率对生物质物料的导热系数的影响，一般常把热导率为0.2 W/(m·K)的材料认定为不良导热材料，因此以该值作为依据为界限缩小后期多因素试验中影响因素的水平范围。

2. 试验仪器设备

本试验所需仪器有自制的生物质试块试压制模具、C－THERM TCi 导热系数仪（图6－22），仪器参数见表6－3。

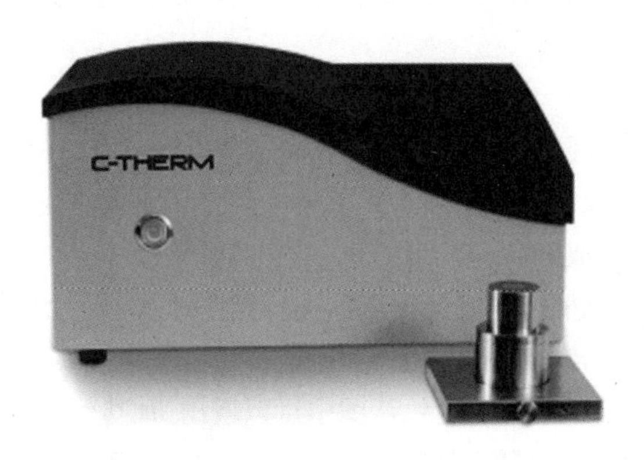

图6－22　C－THERM TCi 导热系数仪

表 6－3　C－THERM TCi 导热系数仪参数

项目	参数
热导率范围	0～120 W/(m·K)
测量时间	0.8～5.0 s
最小样品尺寸	17 mm 直径
最大样品尺寸	不限
最小厚度	一般为 0.5 mm,依据材料导热性而定
最大厚度	不限
温度范围	－50～200 ℃(－58～392 °F)
精度	优于 1%
准确度	优于 5%
检测内容	蓄热系数 热容 密度
输入电源	110～230 VAC 50～60 Hz

3. 试验方案

根据导热系数影响因素,通过前期对资料查阅和生物质物料中不同材料热学性能分析,结合传热学理论,以及前期试块压制成型状态,对待测物料进行配比。

(1)研究加热温度变化对压缩后生物质物料导热系数的影响,选取含水率 20%,成型压强 20 MPa,牛粪与水稻秸秆质量比 80%,导热系数仪检测桩传感器芯片热源温度选取 190 ℃、210 ℃、230 ℃、250 ℃和 270 ℃。

(2)研究牛粪与水稻秸秆质量比对压缩后生物质物料导热系数的影响,选取导热系数仪检测桩传感器芯片热源温度 250 ℃,含水率 20%,成型压强 20 MPa,牛粪与水稻秸秆质量比分别选取 60%、70%、80%、90%和 100%进行试验。

(3)研究含水率对压缩后生物质物料的影响,确定导热系数仪检测桩传感器芯片热源温度 250 ℃,成型压强 20 MPa,牛粪与水稻秸秆质量比 80%,含水率选取 15%、20%、25%、30%和 35%进行试验。

4. 试验步骤

(1)根据试验方案的不同配比和含水率,分别制备生物质成型试块。

(2)成型后将试块切成尺寸为 20 mm×20 mm×3.5 mm 的小块。

(3)将切好后的试块片放于 C－THERM TCi 导热系数仪检测桩和测试平台之间(图6－23)。

(4)在电脑端设置检测桩温度值,运行启动检测程序,检测生物质试块导热系数。

5. 温度对生物质原料压缩后导热系数的影响

将检测结果绘制散点图(图 6－24),从图中可以看出,加热温度对生物质物料压缩后导热系数的影响基本呈线性效应,随着加热温度增加,导热系数增大,当温度超过 230 ℃时,导热系数变化较大。

图 6-23 试块导热系数检测

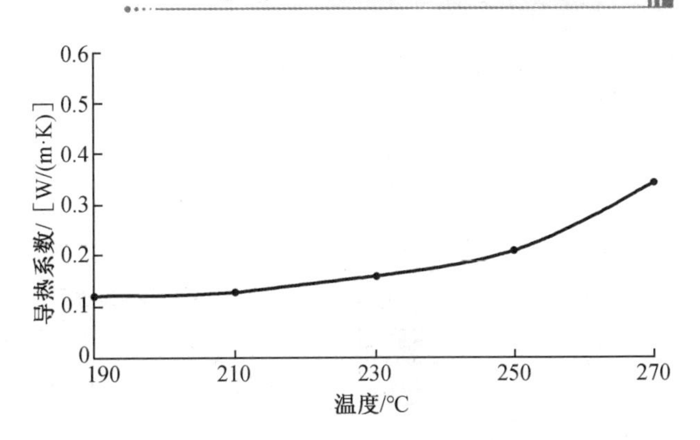

图 6-24 温度对生物质原料压缩后导热系数的影响

6. 牛粪与水稻秸秆质量比对生物质原料压缩后导热系数的影响

将检测结果绘制散点图(图 6-25),从图中可以看出,牛粪与水稻秸秆质量比对生物质物料压缩后导热系数影响基本呈线性效应,随着牛粪与水稻秸秆质量比增加,导热系数增大,增大趋势逐渐加强。

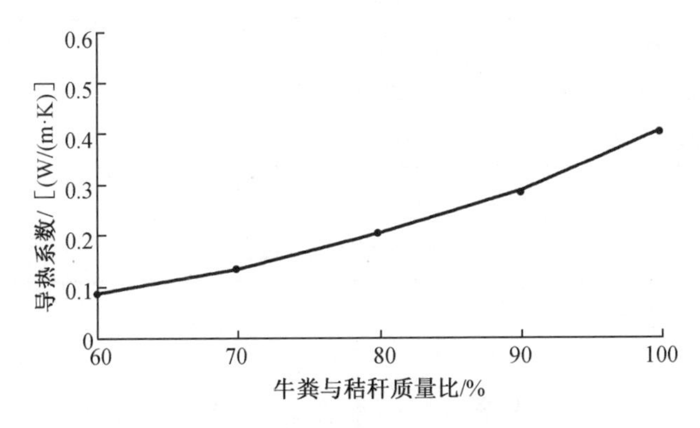

图 6-25 牛粪与水稻秸秆质量比对生物质原料压缩后导热系数的影响

7. 含水率对生物质原料压缩后导热系数的影响

将检测结果绘制散点图(图 6-26),从图中可以看出,含水率对生物质物料压缩后导热系数影响基本呈线性效应,随着含水率的增加,导热系数增大,含水率在 25% ~30% 时,增大比例较小。

6.3.3 导热系数影响多因素试验

1. 试验方案

在单因素试验的基础上,根据响应面 CCD 设计原理,选取温差、牛粪与水稻秸秆质量比、含水率 3 个对响应值有影响的因子,以单因素试验中最佳水平作为响应面设计的 0 水平,设计试验方案。取得试验结果后,采用响应面分析法得到二次回归方程,并利用回归方程计算不同温差、配比和含水率条件时生物质物料的导热系数,以供后期生物质物料加温模拟使用。试验设计见表6－4、表6－5。

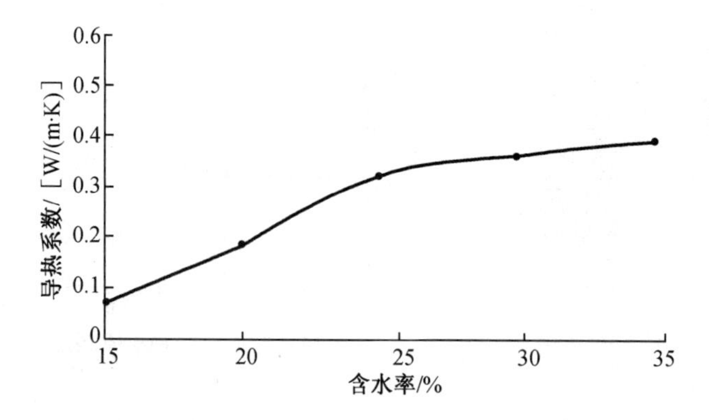

图6－26　含水率对生物质原料压缩后导热系数的影响

表6－4　CCD设计因素编码水平

代码	因素	水平				
		－1.682	－1	0	＋1	＋1.682
A	温度/℃	206.36	220	240	260	273.64
B	牛粪与水稻秸秆质量比/%	85.27	88	92	96	98.73
C	含水率/%	20.95	23	26	29	31.05

表6－5　CCD试验设计

序号	*A*	*B*	*C*
1	－1	－1	1
2	－1.682	0	0
3	－1	1	1
4	0	0	1.682
5	0	－1.682	0
6	0	0	0
7	0	1.682	0
8	0	0	0
9	0	0	0
10	1	1	1
11	0	0	－1.682
12	－1	1	－1
13	1	－1	－1

表 6 –5(续)

序号	A	B	C
14	1.682	0	0
15	1	–1	1
16	1	1	–1
17	0	0	0
18	–1	–1	–1
19	0	0	0
20	0	0	0

2. 试验结果

按所选取的正交试验表进行试验,试验结果见表 6 –6。

表 6 –6 CCD 试验设计及结果

序号	A:温差/℃	B:牛粪与水稻秸秆质量比/%	C:含水率/%	导热系数/[W/(m·K)]
1	220	88	29	0.22
2	206.364 143 4	92	26	0.26
3	220	96	29	0.34
4	240	92	31.045 378 49	0.49
5	240	85.272 828 68	26	0.24
6	240	92	26	0.42
7	240	98.727 171 32	26	0.59
8	240	92	26	0.41
9	240	92	26	0.43
10	260	96	29	0.62
11	240	92	20.954 621 51	0.28
12	220	96	23	0.27
13	260	88	23	0.26
14	273.635 856 6	92	26	0.51
15	260	88	29	0.49
16	260	96	23	0.33
17	240	92	26	0.40
18	220	88	23	0.18
19	240	92	26	0.45
20	240	92	26	0.49

3. 试验结果回归分析

将多因素试验结果利用 Design - Expert Version 8.0.6 软件进行分析，回归得到以温差、牛粪与水稻秸秆质量比和含水率为自变量，以导热系数为响应函数的数学模型如下：

$$D = 0.43 + 0.081A + 0.077B + 0.072C - 0.001\ 25AB + 0.051AC + 0.011BC - 0.027A^2 - 0.022B^2 - 0.027C^2 \tag{6-2}$$

式中 D——导热系数，W/(m·K)；

A——温差，℃；

B——牛粪与水稻秸秆质量比，%；

C——含水率，%。

对响应值的影响中，育苗盘受热时表面温度差、牛粪与水稻秸秆质量比和物料含水率对物料导热系数存在线性效应，不存在二次方效应，育苗盘受热时表面温差与物料含水率间存在交互效应。结果见表 6-7、表 6-8。

表 6-7 方差分析表

方差来源	平方和	自由度	均方	F	P	显著性
Model	0.287 601	9	0.031 956	11.846 66	0.000 3	* *
A	0.090 291	1	0.090 291	33.473 00	0.000 2	* *
B	0.080 587	1	0.080 587	29.875 58	0.000 3	* *
C	0.070 78	1	0.070 78	26.239 83	0.000 4	* *
AB	1.25×10^{-5}	1	1.25×10^{-5}	0.004 634	0.947 1	
AC	0.021 013	1	0.021 013	7.789 802	0.019 1	*
BC	0.001 013	1	0.001 013	0.375 356	0.553 8	
A^2	0.010 779	1	0.010 779	3.995 994	0.073 5	
B^2	0.007 004	1	0.007 004	2.596 495	0.138 2	
C^2	0.010 779	1	0.010 779	3.995 994	0.073 5	
残差	0.026 974	10	0.002 697			
失拟合	0.021 641	5	0.004 328	4.057 694	0.075 2	
纯误差	0.005 333	5	0.001 067			
总离差	0.314 575	19				

注：* $P<0.05$ 表示差异显著，* * $P<0.01$ 表示差异极显著。

表 6-8 导热系数模型拟合分析

项目	数值	项目	数值
样本标准偏差	0.051 937	拟合度	0.914 251
算数平均	0.382 5	Adj 拟合度	0.837 078
变异系数	13.578 26	Pred 拟合度	0.453 624
PRESS	0.171 876	信噪比	12.532 06

利用失拟合项的方法对方差进行计算,得出 P 的值比 0.05 大,验证了模型符合统计学规律,不需要对下一步的统计学方程进行计算,同样也不需要加入其他改变结果的因素。根据统计学方法得出的模型系数都大于0.90,进一步证明了响应值的变化90%以上来源于所选因素。而所得模型中的变异系数(CV)所代表的是不同的变异程度,由水平的处理组之间的关系直接决定,可以得出模型自身的变异系数与模型可信值成反比例关系,变异系数越小试验数据越合理。

信噪比大于4,表明模型具有可行性,能够满足试验结果的要求,也能够满足实际应用中所需的精度要求,试验所得结果与理论计算结果相吻合。

4.通过各因素与物料导热系数的关系检验影响效应

图6-27显示,育苗盘受热时表面温度差、牛粪与水稻秸秆质量比和物料含水率对导热系数影响呈线性效应,随着因素水平的增加,响应值呈线性增加趋势,从3个因素波动图的变化幅度和陡峭程度可见,在对导热系数的影响上,育苗盘受热时表面温度差、牛粪与水稻秸秆质量比和物料含水率三者效应差异不明显。

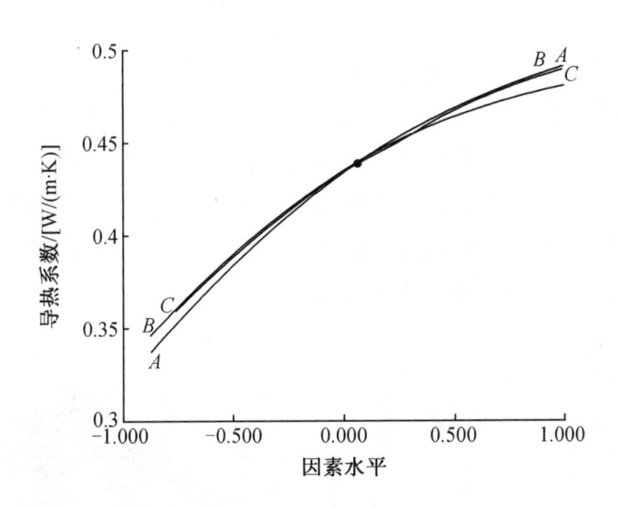

图6-27 各因素与物料导热系数的关系

5.分析不同因素间交互作用

响应面图是通过响应值来表示各个试验因子组合情况的立体图,其中 A、B、C 中任意一个变量取零水平时,其余两个变量对响应值的影响。响应面图坡度越大,该因素对响应值的影响也越大。本章中的响应面图近似斜面,即随着因素水平的增加,导热系数呈线性增加的趋势。等高线图是曲面上相同的响应值在底面上形成的曲线,等高线的密集程度反映了该因素对响应值的影响程度,等高线越密集,对响应值影响越大。

(1)牛粪与水稻秸秆质量比和温度的交互作用对导热系数的影响分析

图6-28分别为牛粪与水稻秸秆质量比和温差交互作用时对导热系数影响的等高线图和响应曲面图。从响应曲面图中可以看出,当牛粪与水稻秸秆质量比水平固定时,生物质试块导热系数随着温差水平增大而增加。当温差水平固定时,生物质试块导热系数随牛粪与水稻秸秆质量比水平增大而增加。从等高线图可以看出,牛粪与水稻秸秆质量比和温差

的交互作用接近椭圆，说明两者的交互作用较大，等高线较密集说明牛粪与水稻秸秆质量比和温差对生物质试块导热系数影响显著。

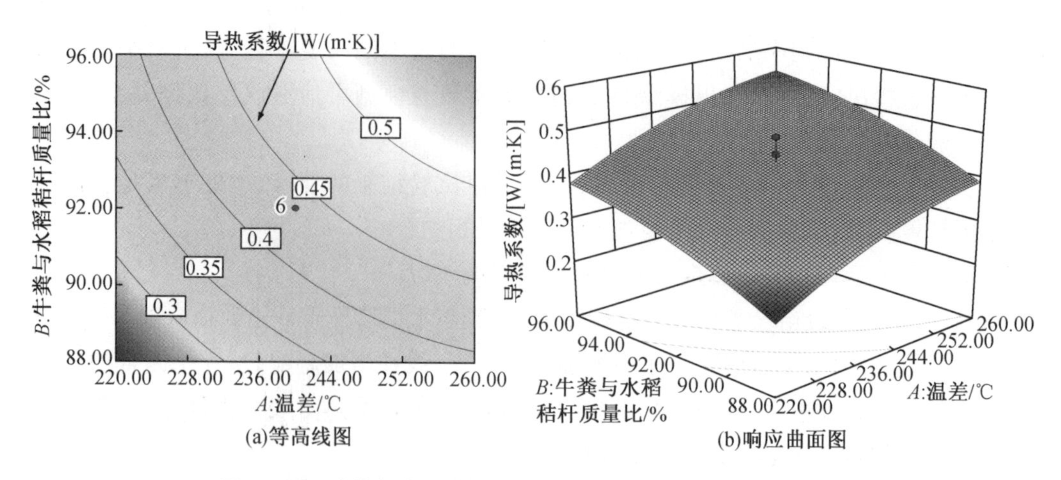

图 6-28　牛粪与水稻秸秆质量比和温差对导热系数影响分析

(2)温差和含水率的交互作用对导热系数的影响分析

图 6-29 分别为含水率和温差交互作用时对导热系数影响的等高线图和响应曲面图。从响应曲面图中可以看出，当含水率水平固定时，生物质试块导热系数随着温差水平增大而增加。当温差水平固定时，生物质试块导热系数随含水率水平增大而增加。从等高线图可以看出，含水率和温差的交互作用接近椭圆，说明两者的交互作用较大，等高线较密集说明含水率和温差对生物质试块导热系数影响显著。

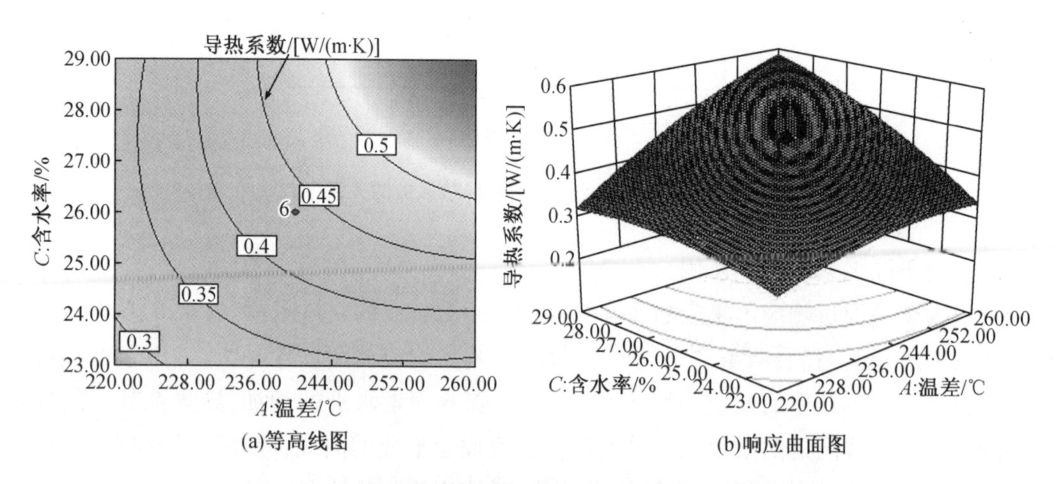

图 6-29　温差和含水率的交互作用对导热系数的影响分析

(3)含水率和牛粪与水稻秸秆质量比的交互作用对导热系数的影响分析

图 6-30 分别为含水率和牛粪与水稻秸秆质量比交互作用时对导热系数影响的等高线图和响应曲面图。从响应曲面图中可以看出，当含水率水平固定时，生物质试块导热系数随着牛粪与水稻秸秆质量比水平增大而增加。当牛粪与水稻秸秆质量比水平固定时，生物

质试块导热系数随含水率水平增大而增加。从等高线图可以看出,含水率和牛粪与水稻秸秆质量比的交互作用接近圆形,说明两者的交互作用不大,等高线较密集说明含水率和牛粪与水稻秸秆质量比对生物质试块导热系数影响显著。

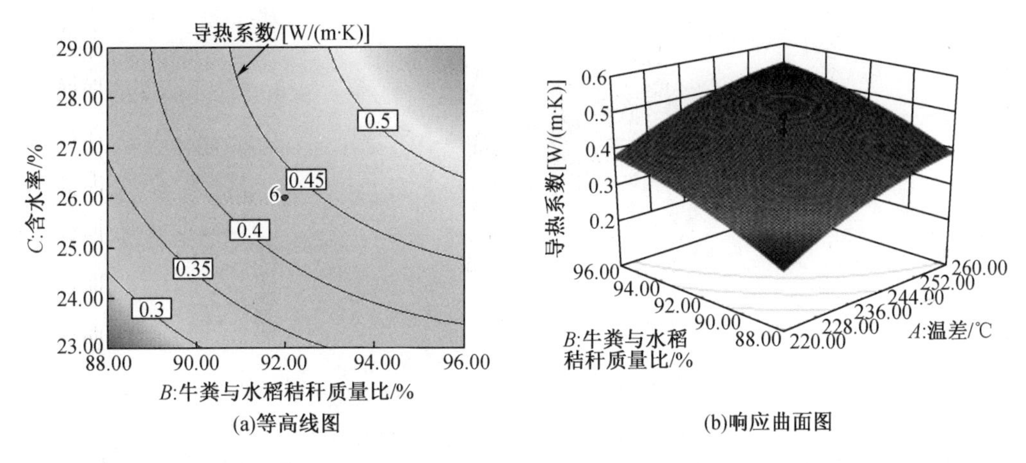

图6-30 含水率和牛粪与水稻秸秆质量比的交互作用对导热系数的影响分析

6.4 SolidWorks 物料热传模拟

6.4.1 生物质育苗盘成型传热过程分析

通过对育苗盘传热过程的模拟分析,检验育苗盘在模具加热后受热程度。由图6-31所示,模具在被加热后,热量由外壁向内部传导,且传递均匀。为更加精准地检验育苗盘内部各点温度,如图6-32所示,检验到点1即育苗盘断面中点的温度为221.52 ℃,点2即育苗盘内侧壁中点的温度为197.65 ℃,点3即育苗盘隔板中点的温度为178.66 ℃,由此可以看出,育苗盘的各个位置处木质素均能达到玻璃化转变温度。

分别模拟料框内表面中点位加热温度设置为200 ℃、210 ℃、220 ℃、230 ℃、240 ℃、250 ℃、260 ℃和270 ℃,物料含水率设置为14%、17%、20%、23%、26%、29%和32%时,育苗盘测试点3达到170 ℃时所需要的时间。为满足未来工厂化制备要求,规定压缩后的生物质物料加热时间应小于20 s,将模拟结果通过Matlab绘制三维曲线图,从图中可以看出当料框内表面中点温度高于220 ℃且含水率高于20%时,可在20 s内完成对生物质育苗盘的加热,使整个育苗盘温度最低点高于木质素玻璃化转变温度(170 ℃),在这种状态下生物质物料内的木质素均被软化并产生黏性。通过图6-33可以看出,当选取的加热温度超过240 ℃后,随着选取温度的升高,对育苗盘均匀受热所需的时间缩短较少,即超过240 ℃,进一步提高加热温度对育苗盘加热效率提升较小。因此,针对压缩厚度为 3.5 mm 的生物质物料选取加热温度 240 ℃较为合理。本章后续所有试验中对生物质物料加热时料框内表面温度均采用 240 ℃。

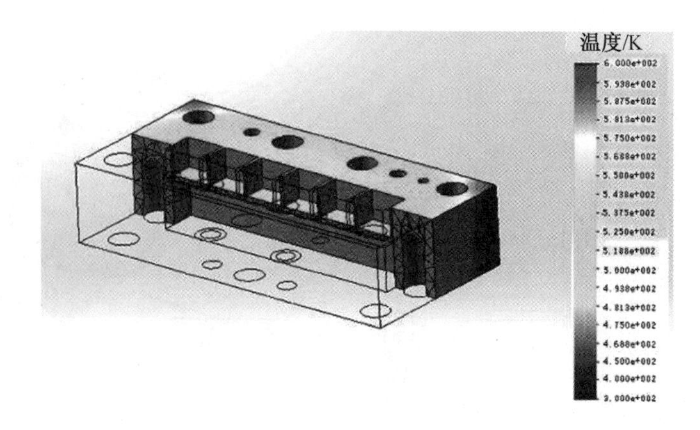

图 6-31　育苗盘传热过程

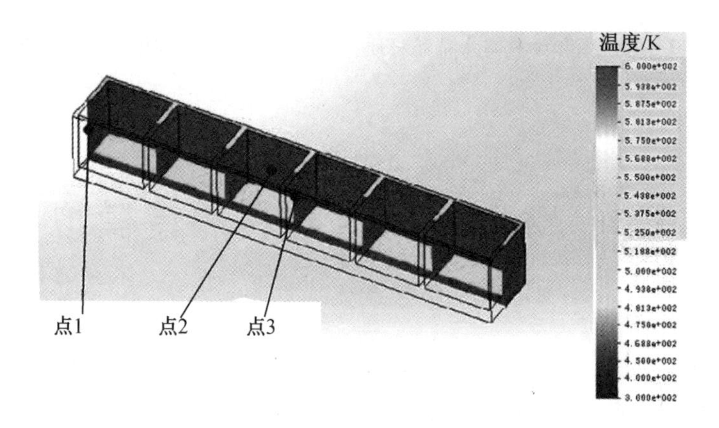

图 6-32　育苗盘温度分布

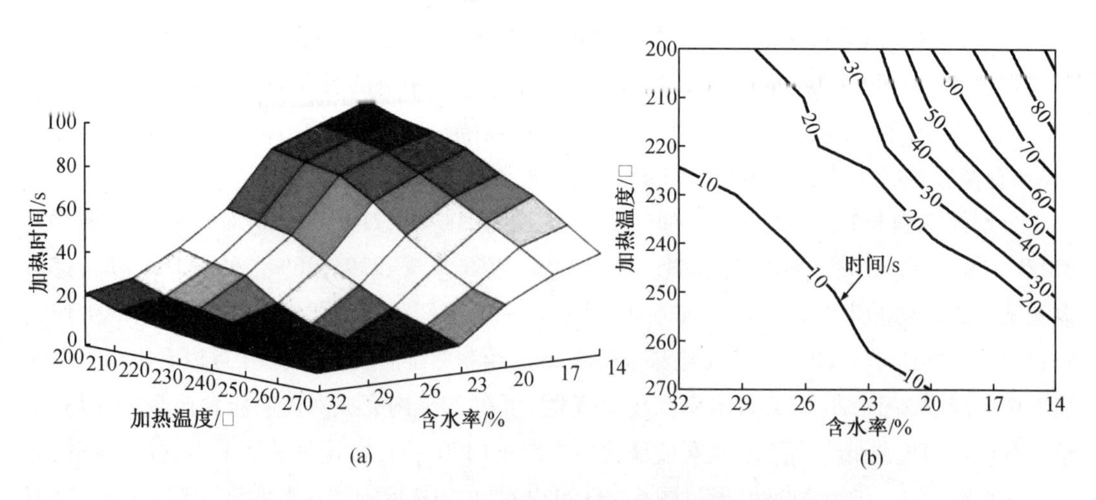

图 6-33　不同温度、含水率下测试点达到指定温度所需时间

6.5 育苗盘制备流程

确定了成型设备、生物质原料,根据试块压缩试验结果,以及生物质利用自体木质素进行黏结机理的研究,设计玉米生物质育苗盘制备流程,如图6-34所示。

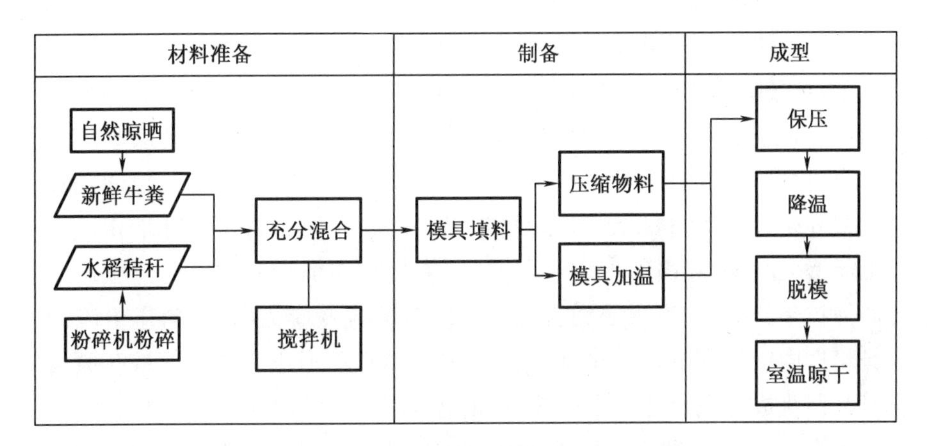

图6-34 生物质育苗盘制备过程

6.6 生物质育苗盘成型机理试验研究

确定生物质育苗盘成型制备流程,并依照该流程制备生物质育苗盘。前文试块制备试验中,室温压缩和加温压缩生物质试块均可压制成型,并通过滴水接触角测量和扫描电子显微镜验证及观察木质素在高温高压下析出成膜现象。但相比生物质试块制备模具,玉米育苗盘成型模具成型腔结构复杂,生物质物料在模具内涉及压缩、流动、填充以及自体木质素黏结等过程,因此需要对生物质育苗盘的成型机理进行研究,并测量室温压缩成型和热压成型生物质育苗盘的物理性能参数。通过对比两种成型方式制备的玉米生物质育苗扫描电子显微镜成像图,并结合育苗模拟试验前后物理性能参数变化,揭示玉米生物质育苗盘成型机理。

6.6.1 玉米生物质育苗盘制备试验

为后期比对木质素软化黏结和成膜对生物质育苗盘强度等性能和微观结构的影响,以进一步研究生物质育苗盘成型机理,因此需要制备室温压缩成型和热压成型的玉米生物质育苗盘。

1. 室温压缩成型玉米生物质育苗盘制备

(1)试验方案

在前期预试验中,生物质物料填装量 300 g 较为合理。取 300 g 处理后的生物质物料(牛粪与水稻秸秆质量比 90%,含水率分别为 17%、20%、23%、26%)放入玉米育苗盘成型模具,通过压力机压缩模具,为保证密实度压力选取 25 MPa。压缩后保压 20 s 拔模,随后将育苗盘于室温下干燥 48 h。

(2)室温压缩成型试验结果与分析

图 6-35 展示的是由不同含水率(17%、20%、23%、26%)的生物质物料制作成的室温压缩成型育苗盘经室温干燥后的形态。由含水率 17% 物料冷压成型育苗盘俯视图(图 6-35 中 A1)可见,育苗盘外壁及穴孔分隔壁的上边缘松散,由侧视图(图 6-35 中 A2)可以看出育苗盘外壁不完整,底部(厚度 8.3 mm ± 1.2 mm)物料堆积严重且侧面多层断裂。在育苗盘成型开始阶段,物料受到压缩,孔隙率降低并在模具料框底部堆积。当对模具施加的压力不断增大时,模具内压力也不断升高,模具底部堆积的物料受到压缩后会产生沿模具底部向外扩张的分力,当该分力大于物料本身的流变应力时,物料产生流动并开始从底部向模具料框内壁与育苗盘穴孔模具空隙处填充,从而形成育苗盘侧壁。原料中含水率的差异会对育苗盘成型完整度产生影响,同时还会影响物料在模具中的流动性[143]。物料流变应力随含水率降低呈梯度升高,含水率 17% 物料在育苗盘底部压缩成型后,物料较高的流变应力在底部堆积后难以向料框侧壁填充,无法形成育苗盘侧壁,且较厚的育苗盘底部由于压力传导衰减导致密度分层,因此产生多层断裂。含水率 20% 物料冷压成型育苗盘俯视及侧视图(图 6-35 中 B1、B2)中,育苗盘侧壁无断裂,育苗盘底厚度为 6.4 mm ± 0.3 mm,上边缘有深度 5.2 mm ± 2.1 mm 部分未能完全成型。加压后物料从底部向料框侧壁填充,向上流动的物料与公模下表面接触后持续堆积产生压力使育苗盘顶部成型。物料流动距离增加导致物料与料框内壁接触面积增加,进而增加了流动阻力。含水率 20% 的物料流动性较差,因此侧壁上半部分物料无法流动至可以与公模下表面接触的状态,因此无法完成压缩成型。含水率 23% 物料和含水率 26% 物料室温压缩后均完整成型,育苗盘底部厚度分别为 4.6 mm ± 0.2 mm 和 5.1 mm ± 0.2 mm。从图 6-35 中 C1、C2 可看出含水率 23% 育苗盘上边缘较为整齐,外表面平整。从图 6-35 中 D1 可看出含水率 26% 育苗盘外表面不平整且育苗盘上边缘有溢出物料。成型模具为半封闭模具,料框上表面与公模下表面存在 0.2 mm 间隙。压缩过程中,物料沿料框内表面向上流动与公模下表面接触后模具腔内压力提升,含水率 26% 物料相比含水率 23% 物料流动性更好,通过同尺寸孔隙时所需的内外压力差更小[144],因此含水率 26% 物料冷压成型后育苗盘上边缘有溢出物料。满足育苗要求的前提是育苗盘的完整度,上述室温压缩成型试验结果中物料水分含量为 23% 和 26% 时育苗盘可完整成型,因此选用含水率 23% 和含水率 26% 物料进行热压成型试验。

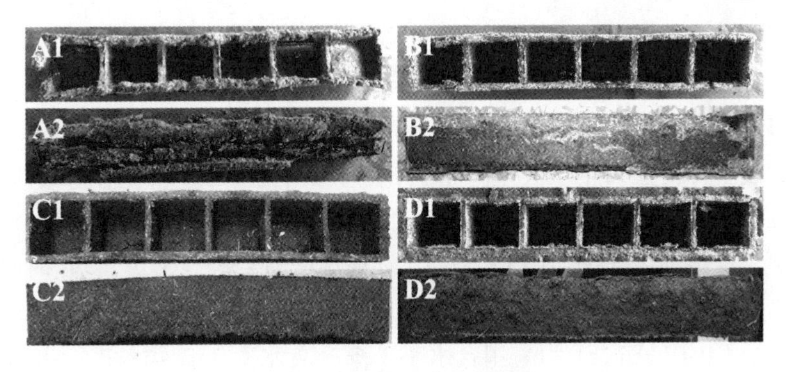

1—育苗盘俯视图;2—育苗盘侧视图。

图 6-35　冷压成型育苗盘

注:A、B、C、D 分别为物料含水率为 17%、20%、23% 和 26% 时的冷压成型的育苗盘。

2. 热压成型玉米生物质育苗盘制备

(1)试验方案

将电磁感应加热器感应线圈缠绕于模具料框外表面,调整电磁感应加热器电流输出,将模具内表面加热至 240 ℃并保持恒温。取 300 g 处理后的生物质物料(室温压缩成型试验中完整成型含水率 23% 和含水率 26% 物料)放入玉米育苗盘压缩成型模具,通过压力机压缩模具,压力机压力设置为 25 MPa。压缩保温 20 s 后待模具温度自然降至 50 ℃以下进行拔模。

(2)热压成型试验结果与分析

经室温干燥后的热压成型育苗盘形态如图 6-36 所示。图 6-36 中 E1、E2 为采用含水率 23% 物料制备的育苗盘,从图中可以看出,育苗盘上边缘整齐且外壁光滑。图 6-36 中 F1、F2 为采用含水率 26% 物料制备的育苗盘,虽然外壁较光滑但育苗盘上边缘有物料溢出,这种现象也是由于物料的流动性较好造成的。

1—育苗盘俯视图;2—育苗盘侧视图。

图 6-36　热压成型育苗盘

注:E 和 F 分别为物料含水率为 23% 和 26% 时的热压成型育苗盘。

6.6.2　育苗模拟试验

1. 育苗模拟试验目的

对比室温压缩成型育苗盘和热压成型育苗盘育苗后尺寸参数及形态变化。

2. 育苗模拟试验方案

播种前2~3天，将玉米种子(德美亚3号)用28~30 ℃温水浸泡8~12 h后捞出滤干，于25~30 ℃环境下进行催芽，每隔2~3 h翻动一次种子，直至种子露出胚根。分别取成型后的室温压缩成型育苗盘和热压成型育苗盘，在穴孔内铺20 mm底土，每穴播入一粒催芽后的种子，表面覆盖一层表土直至与育苗盘穴孔边缘平齐，随后向育苗盘内浇水直至育苗土被完全浸湿。育苗环境温度为(25±3) ℃，环境湿度为45%~55%，育苗时间为20天。

3. 育苗模拟试验结果与分析

图6-37中C1、D1、E1、F1为采用含水率23%和含水率26%物料进行室温压缩成型和热压成型的育苗盘播种后被水完全浸湿的状态。育苗15天后，C2、D2育苗盘中土壤均与育苗盘内壁分离，且育苗盘侧壁明显膨胀，C2左起第4和第5穴孔连接处断裂，育苗盘整体弯曲变形，D2穴孔连接处均断裂；E2、F2育苗土与育苗盘内壁未分离，其中E2侧壁无明显膨胀，F2育苗盘侧壁轻微膨胀，育苗盘宽度增加，E2、F2育苗盘均无断裂。

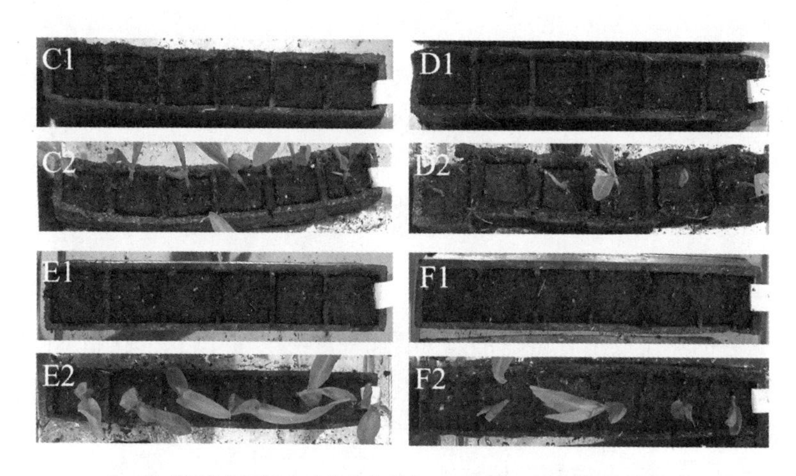

1—完成播种并浇透水后育苗盘形态；2—育苗15天后育苗盘形态。

图6-37 不同含水率物料及成型方式育苗盘育苗前后形态

注：C、D为采用含水率23%和含水率26%物料室温压缩成型育苗盘；E、F为采用含水率23%和含水率26%物料热压成型育苗盘。

育苗盘育苗前后侧壁尺寸变化见表6-9。从表中可以看出育苗后膨胀率E<F<C<D。育苗土壤遇水后几乎无膨胀，而C、D育苗盘膨胀率较大。不同的膨胀率导致在育苗浇水后育苗盘侧壁膨胀严重，与育苗土分离产生间隙。同时，在育苗盘膨胀过程中由于育苗盘侧壁与穴孔隔板膨胀时产生应力方向不同，因此造成穴孔隔板与育苗盘侧壁连接处的应力破坏，出现图6-38中C2、图6-37中D2育苗盘断裂现象。图6-37中C2、D2育苗盘育苗后均断裂，故只选取图6-37中E2、F2育苗盘进行育苗后育苗盘强度检测。

表6-9 育苗盘育苗前后侧壁尺寸变化

项目	C	D	E	F
育苗前壁厚/mm	4.2 ±0.2	4.8 ±0.3	3.8 ±0.1	4.1 ±0.1
育苗 15 天壁厚/mm	6.6 ±0.3	8.9 ±0.4	4.4 ±0.2	5.2 ±0.2
膨胀率/%	57.2 ±0.3	85.5 ±3.3	15.8 ±2.2	26.8 ±4.2

注:C 为采用含水率 23% 物料室温压缩成型育苗盘;D 为采用含水率 26% 物料室温压缩成型育苗盘;E 为采用含水率 23% 物料热压成型育苗盘;F 为采用含水率 26% 物料热压成型育苗盘。

6.6.3 抗弯破坏试验

1. 抗弯破坏试验目的

通过对比研究室温压缩成型和热压成型育苗盘育苗前后的强度变化,研究生物质育苗盘强度来源以及木质素在成型过程中的作用。

2. 抗弯破坏试验方案

将室温压缩成型和热压成型的育苗盘放置于电子万能试验机(WDW-200 EIII,济南黄金时代测试试验机有限公司)试验平台上,机器符合 GB/T 16491—2008 标准。试验依据 GB/T 1449—2005 的规定,采用无约束支撑,通过三点弯曲(图6-38),以 10 mm/min 恒定加载速率破坏试样育苗盘,在闭环控制处设置终止位置为 6 mm,保持时间为 10 s。在整个过程中,测量施加在试样上的载荷和试样挠度,确定弯曲强度、弯曲弹性模量以及弯曲应力与应变关系。调节跨距(L)以及上压头的位置,准确至0.5 mm,本试验采用的 L 为210 mm。将加载上压头位于支座中间,使上压头和支座的圆柱面轴线平行。将试样居中对称放置于支梁中间,使压头预压在样品表面,检查仪表确保整个系统处于正常状态,清零载荷和位移后开始试验,在到达目标位置后,点击停止,记录数据,点击复位,当位移归零后,放置新的试样重复以上步骤。育苗后的育苗盘采用相同方法进行测量。

图6-38 三点弯曲育苗盘破坏

3. 抗弯破坏试验结果与分析

图 6－39 所示为含水率 23% 物料和含水率 26% 物料室温压缩成型和热压成型育苗盘抗弯强度检测结果。从图中可见水分含量相同的物料，相比于室温压缩成型，采用热压成型的育苗盘韧性更好，强度差别不大。热压成型育苗盘育苗后，采用含水率 23% 物料成型育苗盘抗弯强度高于采用含水率 26% 物料成型育苗盘。

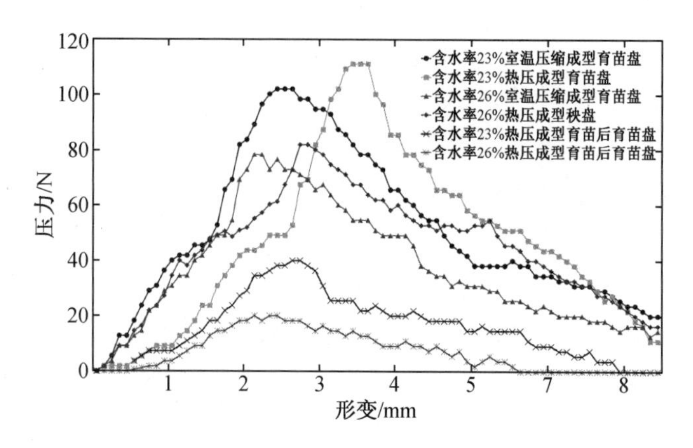

图 6－39　抗弯强度检测结果

育苗盘的抗弯强度及弹性形变见表 6－10。表中含水率 23% 物料室温压缩成型育苗盘育苗前抗弯强度为 101.6 N；含水率 26% 物料室温压缩成型育苗盘育苗前抗弯强度为 79.6 N。含水率 23% 物料热压成型育苗盘育苗前抗弯强度为 111.3 N，育苗后为 41.2 N，强度降低了 63.0%；含水率 26% 物料热压成型育苗盘育苗前抗弯强度为 82.6 N，育苗后为 20.1 N，强度降低了 75.7%。相同成型方式的育苗盘，含水率 23% 物料育苗盘育苗前后的抗弯强度和弹性形变均大于含水率 26% 物料育苗盘。

表 6－10　育苗盘的抗弯强度及弹性形变

物料含水率/%	成型方式	破坏荷载/N		弹性形变/mm	
		育苗前	育苗后	育苗前	育苗后
23	室温压缩成型	101.6	—	2.7	—
	热压成型	111.3	41.2	3.5	2.7
26	室温压缩成型	79.6	—	2.2	—
	热压成型	82.6	20.1	2.8	2.3

热压成型过程中牛粪内木质素随着模具升温软化，在内应力作用下析出后与周围粒子黏结，育苗盘整体性更好。木质素本身固化后强度并不高[145]，同时生物质物料压缩后机械强度主要由生物质粒子间固体桥和机械镶嵌产生[92]，因此物料含水率相同条件下热压成型育苗盘相比室温压缩成型育苗盘强度提升不大。木质素具有黏弹性[146]，使相同水分含量物料压制的热压成型育苗盘比室温压缩成型育苗盘具有更大的弹性形变。前文压缩成型

试验中含水率26%物料压缩后均有从磨具上方排气缝隙溢出的现象，造成压缩含水率26%物料时模具内部压力小于含水率23%物料时的模具内部压力，导致物料密度下降，因此采用23%物料压缩成型的育苗盘具有更高的抗弯强度。

由于相同含水率物料热压成型和室温压缩成型育苗盘抗弯强度差别不大，而室温压缩成型育苗盘在育苗的过程中出现断裂，因此推测室温压缩成型和热压成型育苗盘强度均主要由粒子间固体桥和机械镶嵌产生。热压成型中木质素在内应力作用下析出，黏结附近粒子并包围部分粒子间机械镶嵌结构。由于木质素具有疏水性[147]，遇水后被木质素包裹的机械镶嵌结构不会被水破坏掉，因此遇水后的育苗盘保留一定强度。

6.6.4 扫描电子显微镜成像试验

1. 扫描电子显微镜成像试验目的

从微观角度观察育苗盘结构，对比观察成型前后的木质素和纤维素结构变化。

2. 扫描电子显微镜成像试验方案

取4 mm×4 mm的育苗盘样品，将样品剥离面朝上并用双面胶带固定在样品台上，放置于DII－29030SCTR离子溅射仪中进行2×30 s的喷金处理。将喷金后的样品随样品台一起放置于扫描电子显微镜中进行观察。扫描电子显微镜的加速电压设置为15 kV。

3. 结果与分析

图6－40显示了扫描电子显微镜成像图，图中纤维状物质为牛粪中未被完全消化的作物茎秆纤维，主要由木质素和纤维素组成，图中形状不规则的部分为牛粪中的杂质，主要成分是牛肠胃分泌物和未被消化的木质素[148]。图6－40(a)(b)为室温压缩成型育苗盘样品扫描电子显微镜图像，牛粪内大量的茎秆纤维层叠镶嵌在一起，含水率23%物料相比含水率26%物料成型干燥后秸秆间隙较小。热压成型育苗盘样品的扫描电子显微镜图像如图6－40(c)(d)所示，图6－40(c)中大部分茎秆纤维间缝隙被茎秆纤维内析出的木质素填充和黏结，大部分茎秆纤维层叠镶嵌结构被木质素包裹，含水率26%物料热压成型后(图6－40(d))同样出现木质素填充并黏结层叠茎秆纤维间缝隙现象，有部分缝隙未被填充和黏结，茎秆纤维层叠镶嵌结构被木质素覆盖部分相对较少。

扫描电子显微镜成像图中显示的纤维素间缝隙是由物料内应力和物料内的水分共同产生的，压缩过程中由于物料内微观组织发生了不均匀的体积变化，内部仍残存应力，当外部荷载消失后使成型后材料产生间隙。物料中木质素析出后黏结附近的物料纤维形成新的整体，在外部荷载消失后大部分内应力被木质素的黏结力抵消，因此成型后热压成型育苗盘膨胀率和空隙率均小于室温压缩成型育苗盘。在压缩过程中物料内的水分参与空隙的填充，干燥后水分蒸发产生物料间隙，物料水分含量越高，干燥后间隙越大，因此图6－40(b)(d)中茎秆纤维间缝隙大于图6－40(a)(c)中茎秆纤维间缝隙。物料的机械镶嵌力是由物料相互堆叠挤压产生的，因此物料间隙越大机械镶嵌力越小。上述万能试验机试验中，含水率23%物料成型育苗盘抗弯强度大于含水率26%物料成型育苗盘也是由于该原因造成的。

(a)含水率23%物料室温压缩成型　(b)含水率26%物料室温压缩成型

(c)含水率23%物料热压成型　(d)含水率26%物料热压成型

图6－40　育苗盘的扫描电子显微镜成像图

木质素在物料内部的流动分为两个阶段。第一阶段，茎秆纤维中木质素达到软化温度后，在内压力作用下产生流动并析出，填充相邻茎秆纤维间空隙，此过程中茎秆纤维间空隙的木质素填充率越高育苗盘整体性越好，木质素的黏结效果越佳，成型后育苗盘的韧性也就越强；第二阶段，随着温度升高，木质素流动性提升，间隙中的木质素会溢出并覆盖包裹更多相邻茎秆纤维，在茎秆纤维层叠镶嵌结构外形成木质素层。整个过程中，由于水的流动性高于液化后的木质素，因此生物质物料在压缩并排出内部空气后，物料内的水分会优先填充相邻茎秆纤维间隙，对木质素黏结茎秆纤维和成膜造成影响，因此较高的含水率在提高物料流动率的同时降低了木质素的黏结和成膜作用。

图6－41所示为育苗后育苗盘的扫描电子显微镜成像图。图6－41(a)(b)(c)(d)分别为含水率23%物料室温压缩成型、含水率26%物料室温压缩成型、含水率23%物料热压成型和含水率26%物料热压成型育苗盘育苗后的扫描电子显微镜图像。图6－41(a)中茎秆纤维的层叠镶嵌结构破坏严重，图中显示茎秆层叠镶嵌部分不足整体的六分之一；图6－41(b)显示层叠镶嵌结构完全被破坏，茎秆纤维呈分散蓬松状态；23%物料育苗盘育苗后利用扫描电子显微镜仍可清晰观察到茎秆纤维层叠镶嵌结构(图6－41(c))，少量层叠镶嵌结构被破坏；图6－41(d)中茎秆层叠镶嵌结构被水破坏较为严重，茎秆纤维有大面积断裂。

育苗过程中育苗土壤内含水率较高，室温压缩成型育苗盘在遇水后，由于分子的附着力与内聚力的作用，水分会沿着育苗盘内茎秆纤维间缝隙由内向外缓慢流动，较大的间隙会加剧水的渗透速度。含水率23%物料室温压缩成型育苗盘因其茎秆纤维间缝隙相对较小，渗透过程较为缓慢，因此在育苗结束后育苗盘破坏程度小于含水率26%物料育苗盘。

纤维素具有润胀特性,吸水后会膨胀[149],因此水的渗透过程会造成育苗盘内纤维素膨胀,机械镶嵌力被破坏,且育苗盘膨胀时会在育苗盘侧壁与穴孔隔板连接处产生应力交点造成断裂破坏。热压成型育苗盘大部分茎秆纤维间缝隙被木质素黏结,干燥后木质素不会随水分散失,缝隙间填充的木质素阻碍水分毛细渗透过程。含水率23%物料热压成型育苗盘内部层叠镶嵌结构被木质素大量包裹,隔离纤维素与水分,使其不发生润胀现象,使茎秆层叠镶嵌免受破坏。含水率26%物料热压成型育苗盘内部层叠镶嵌结构被包裹面积较小,虽然相邻茎秆纤维间黏结的木质素可减缓水的渗透,但未完全隔离水分与纤维素接触,因此遇水后育苗盘发生膨胀,同时部分水分会从未完全填充的缝隙渗入,引起茎秆纤维内部润胀,产生胀裂现象,降低育苗盘强度。该部分研究验证了之前对育苗盘强度的推测。

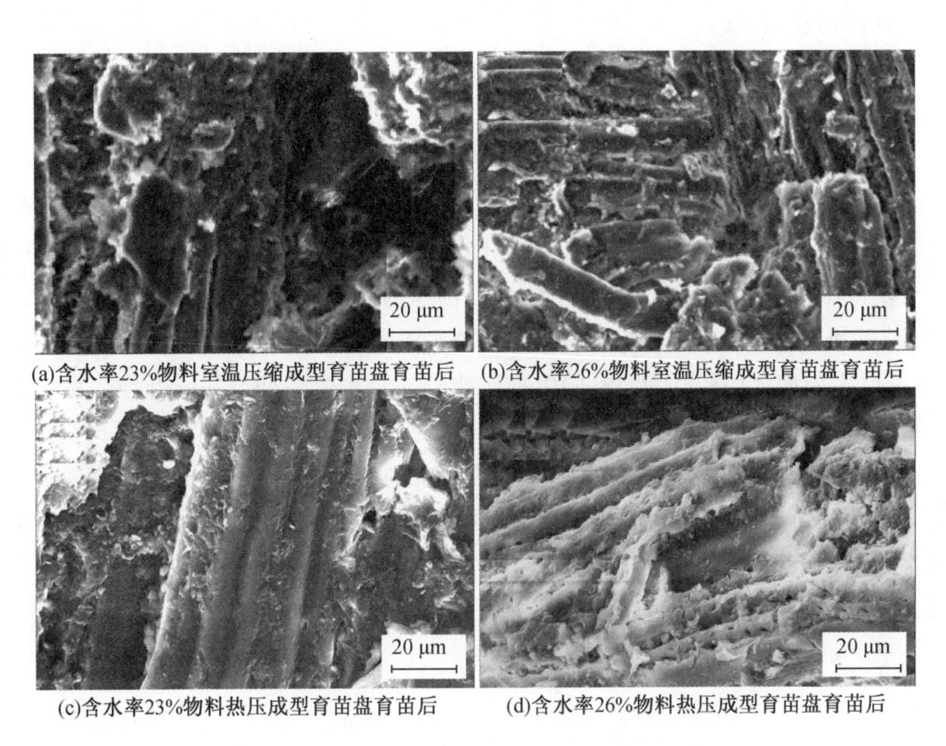

(a)含水率23%物料室温压缩成型育苗盘育苗后　(b)含水率26%物料室温压缩成型育苗盘育苗后

(c)含水率23%物料热压成型育苗盘育苗后　(d)含水率26%物料热压成型育苗盘育苗后

图6-41　育苗后育苗盘的扫描电子显微镜成像图

6.6.5　生物质育苗盘成型机理

综上所述,对牛粪生物质物料在压缩成型过程中的成型机理进行梳理,具体如下:首先,物料中茎秆纤维压缩在一起形成层叠镶嵌结构,由茎秆纤维层叠产生的机械镶嵌力是育苗盘自身强度的主要来源;随后,模具温度升高使物料中木质素达到软化温度,木质素在内应力作用下析出后黏结相邻的茎秆纤维形成新的整体,随着木质素液化加剧,木质素流动性提升并黏结更多相邻茎秆纤维,同时在茎秆纤维层叠镶嵌结构外部形成木质素层;最后,当物料温度低于木质素玻璃化转变温度后育苗盘成型。

6.7 本章小结

通过分析现有生物质成型方式,确定了采用热压成型方式制备生物质育苗盘,并以现有玉米成型模具为基础进行了模具加热功能的设计。对生物质物料导热系数和影响因素进行了研究,利用 SolidWorks Simulation 对育苗盘传热过程模拟确定了不同配比下的生物质物料加热时间,并通过生物质育苗盘成型试验结合电子显微镜分析揭示了生物质育苗盘成型机理。具体内容如下:

(1)分析现有生物质成型方式,并结合生物质物料特点,确定了采用热压成型的方式制备生物质育苗盘。

(2)在现有玉米成型模具的基础上设计并增加了模具加热功能,并通过传热模拟和加热试验验证了增加可加热功能的玉米成型模具的加热性能,当电磁感应加热装置加热功率设置为 3 000 W,加热时间为 40 ~ 60 s 时,料框内表面高点温度变化范围为 209 ~ 266 ℃,低点温度变化范围为 174 ~ 217 ℃,满足生物质育苗盘的制备需求。

(3)试验研究了牛粪与水稻秸秆质量比、含水率和加热温度条件下导热系数的影响规律,建立了以牛粪和水稻秸秆为原料的生物质物料导热系数模型。并依据导热系数进行了物料传热模拟,模拟了不同牛粪与水稻秸秆质量比、含水率和加热温度条件下生物质育苗盘完全升温到木质素玻璃化转变温度以上所需的加热时间,确定了生物质育苗盘成型加热温度为 240 ℃。研究了生物质育苗盘成型机理,通过生物质育苗盘室温压缩和热压成型试验制备生物质育苗盘,并检测了不同条件下制备的育苗盘等性能参数,结合电子显微镜成像结果,分析并揭示了生物质育苗盘成型机理。

第 7 章　生物质育苗盘原料配比与加温压缩成型的试验研究及分析

为确定生物质物料配比和成型参数，在本章中，对玉米生物质育苗盘的成型影响因素以及性能评价指标进行分析和确定。通过玉米生物质育苗盘成型试验和成型后的评价指标检测，并结合第 3 章的生物质育苗盘成型机理对成型结果进行分析，以确定生物质物料的配比和成型参数。

7.1　生物质育苗盘成型影响因素和性能评价指标分析

7.1.1　采用热压成型的生物质育苗盘性能主要影响因素

1. 成型压强

在物料被压缩的过程中，成型压强是影响成型的基本条件之一，直接影响着生物质育苗盘的成型质量。在成型过程中，生物质物料将在成型压强的作用下发生弹塑性应变，因此成型压强需足够大才可使生物质育苗盘被完全压缩，随之而来的问题就是需要消耗大量的能量。为平衡成型压强与功耗之间的关系，通常在研究过程中需建立成型压强与物料质量之间存在的能耗平衡点，这一问题早期就被国外学者所研究，通过对物料纤维在被压缩过程中发生形变机理的研究，提出了成型压强及物料密度之间的数学模型，即

$$p = C\gamma^m \text{，且 } C = \frac{p_0}{\gamma_0^m} \tag{7-1}$$

式中　p——最大成型压强，MPa；

p_0——初始压力，MPa；

γ——压缩成型后的成品密度，kg/cm^3；

γ_0——压缩成型前物料的初始密度，kg/cm^3；

C、m——试验常数。

通过公式可知，在生物质育苗盘的成型压制过程中，生物质育苗盘的密度随成型压强的逐渐增大而增大。

2. 生物质物料配比

通过第3章生物质育苗盘成型机理的研究可知，生物质育苗盘成型主要依靠原料中木质素的黏结作用，育苗盘的强度主要来源于茎秆结构中纤维素的牵连作用。前文成分检测和电子显微镜成像结果显示，牛粪中木质素含量较高，是物料加热压缩时黏结成型和包裹机械镶嵌结构外形成隔水膜的主要结构，可提高成型后育苗盘的耐水性。相比于牛粪，水稻秸秆中的纤维素结构完整且含量较高，水稻秸秆的加入可提高成型后生物质育苗盘的强度。因此，生物质育苗盘的原料配置直接影响育苗盘成型后的强度和性能。需要通过试验来研究生物质物料的较佳质量比，即生物质物料中牛粪与水稻秸秆的质量比，以保证成型后的质量和育苗后的育苗盘性能，满足移栽需求。

本书中牛粪与水稻秸秆质量比计算公式如下

$$B=\frac{m_1(1-w_1)}{m_1(1-w_1)+m_2(1-w_2)}\times 100\% \tag{7-2}$$

式中　B——牛粪与水稻秸秆质量比，%；

m_1——自然晾干后牛粪质量，g；

m_2——自然晾干后秸秆质量，g；

w_1——自然晾干后牛粪含水率，%；

w_2——自然晾干后秸秆含水率，%。

3. 生物质物料含水率

含水率是影响生物质物料成型完整性和成型后强度的重要影响因素，通过生物质育苗盘成型机理的研究可知，生物质物料含水率的提高可增大生物质物料的导热系数，同时可以提高生物质物料的流动性，有利于育苗盘的完整成型。物料中的水会阻碍木质素在纤维空隙中的填充，降低木质素对机械镶嵌结构的保护作用。因此，需要通过成型试验对物料中的含水率范围进行研究，以确定较为合理的生物质物料含水率。

7.1.2　育苗盘性能评价指标分析

在玉米机械化育苗移栽过程中，育苗盘的使用贯穿机械化育苗移栽始终。育苗盘制备后，首先需要经历储存、搬运，再到大棚浇水育苗，最后需要放入移栽机进行切割成单个育苗盘进而移栽入田间。由此可知育苗盘从生产到田间栽植存在各种各样的影响因素以及评价指标。从育苗盘制备，育苗再到机械化移栽各个环节中，对育苗盘性能因素的要求不同。通过试验可知，影响育苗盘性能的重要评价指标如下。

1. 成型率

育苗盘的成型率通过研究钵孔的完整率来评价，求解方程如下：

$$K_{cx}=\frac{K_1}{K_2}\times 100\% \tag{7-3}$$

式中　K_1——育苗盘压制后完整成型数；

K_2——育苗盘压缩制备总数。

本书规定生物质育苗盘成型率超过80%即为合格。

2. 成型后破坏荷载

育苗盘在制备和运输过程中易出现折弯现象，由此可知抗弯强度是育苗盘性能的重要指标。通过前文的研究，成型后抗弯强度是生物质物料中纤维结构层叠镶嵌结果的间接表现，反映了生物质育苗盘内机械镶嵌作用的效果。为使压缩成型的育苗盘满足农业生产中的抗弯性能，有必要针对育苗盘抗弯强度特性进一步研究，在保证育苗盘整体尺寸不变的情况下，设定育苗盘受力部分承受均布载荷，其力学分析简图和横截面如图7-1所示。

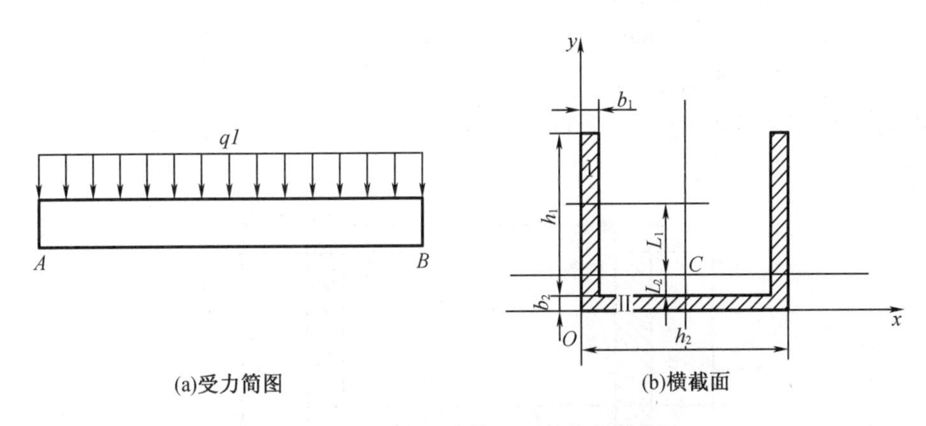

(a)受力简图　　(b)横截面

图7-1　育苗盘受力简图及育苗盘横截面

最终需要计算出钵育移栽育苗盘的抗弯强度指标，因此先要计算出育苗盘的最大弯矩 $M_{\max}$ 和惯性矩 I_Z。

$$M_B = M_A + \int_a^b F(x)\,\mathrm{d}x \tag{7-4}$$

$$M_{\max} = M_{\frac{l}{2}} = 0 + \int_0^{\frac{l}{2}} qx\,\mathrm{d}x \tag{7-5}$$

钵育移栽育苗盘的最大弯矩为

$$M_{\max} = \frac{ql^2}{8} \tag{7-6}$$

得出育苗盘截面上的形心，计算截面对中性轴惯性矩 I_Z 的公式为

$$\bar{x} = \frac{\sum_{i=1}^{n} A_i \bar{x}_i}{\sum_{i=1}^{n} A_i};\bar{y} = \frac{\sum_{i=1}^{n} A_i \bar{y}_i}{\sum_{i=1}^{n} A_i} \tag{7-7}$$

其中，$n=3$。

经计算求得

$$\bar{x}=21\ \mathrm{mm},\bar{y}=\frac{A_{\mathrm{I}}Z_{\mathrm{I}}+A_{\mathrm{II}}Z_{\mathrm{II}}}{A_{\mathrm{I}}+A_{\mathrm{II}}}=11.025\ \mathrm{mm} \tag{7-8}$$

其中，$A_{\mathrm{I}}=b_1h_1$；$A_{\mathrm{II}}=b_2h_2$；$\bar{Z}_{\mathrm{I}}=\frac{h_1}{2}=17.5\ \mathrm{mm}$；$\bar{Z}_{\mathrm{II}}=\frac{b_2}{2}=1.75\ \mathrm{mm}$；$\bar{Z}_{\mathrm{I}}=\bar{Z}_{\mathrm{III}}$。

常用截面上的惯性矩公式如下：

$$I_Z = \frac{Be_1^3 - bh^3 + ae_2^3}{3} \tag{7-9}$$

式中 I_Z——惯性矩，mm^4；

B——如图 7-2 所示，mm；

b——如图 7-2 所示，mm；

e_1——重心到相应边的距离，mm；

e_2——重心到相应边的距离，mm；

a——如图 7-2 所示，mm；

h——如图 7-2 所示，mm。

由惯性矩公式计算得到 I_Z = 25 530.301 9 mm^4。

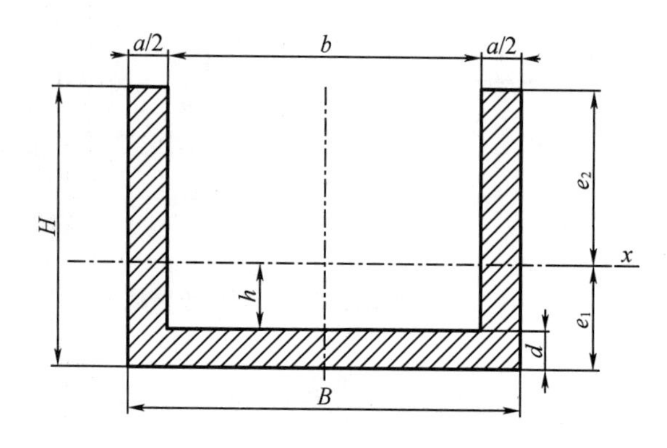

图 7-2　截面惯性矩计算示意图

育苗盘抗弯截面系数为

$$W_Z = \frac{I_Z}{y_a} \tag{7-10}$$

当 $y_a = y_{max}$ 时，可以得出育苗盘的最大抗弯强度计算公式：

$$\sigma_{max} = \frac{M_{ymax}}{I_Z} \tag{7-11}$$

钵育移栽育苗盘在没有播种时质量为 0.261 6 kg，由式(7-10)可知钵育移栽育苗盘在未播种情况下 M_{ymax} = 0.063 1 N·m，因此可进一步将 M_{ymax} 代入式(7-11)中计算所需的抗弯强度 $\sigma_k \geqslant 0.057\ 8$ MPa。后文育苗盘强度检测均通过三点荷载法，试验机输出测量结果为破坏荷载，通过式(7-12)换算可知，要求成型后生物质育苗盘的破坏荷载 $P >$ 9.434 6 N。

$$P = \frac{2\sigma bh^2}{3l} \tag{7-12}$$

式中 P——破坏荷载，N；

σ——抗弯强度，MPa；

b——育苗盘宽度，mm；

h——育苗盘高度，mm；

l——检测时育苗盘下两支座间跨距，mm。

3. 育苗后抗弯强度

玉米在大棚中育苗结束后，需将育好苗的育苗盘连同钵苗一同移至移栽机，以进行玉米苗的移栽，在此过程中由于育苗盘强度不足以抵抗自重破坏出现弯折断裂的现象。因此，育苗后抗弯强度是评价育苗盘能否满足育苗移栽要求的重要指标。同时，通过前文研究，育苗前后抗弯强度变化可间接体现生物质育苗盘内木质素对纤维素机械镶嵌结构的保护程度。

通过计算可知，在育苗盘中加入育苗所需的土壤后质量为0.812 6 kg。利用与成型后抗弯强度相同的计算方法可求出 $M_{ymax}=0.196\ 5\ \text{N}\cdot\text{m}$，$\sigma_m \geq 0.179\ 2\ \text{MPa}$。成型后生物质育苗盘的破坏荷载指标 $P>29.267\ 4\ \text{N}$（本研究为进行育苗后抗弯强度的检测，简化了育苗试验过程，采用实际育苗指标，依照正常的农艺要求进行除播种环节外其他措施，因此后文对所有未播种的育苗试验所检测的抗弯强度结果，用遇水后破坏荷载表达）。

4. 成型后膨胀率

育苗盘热压成型后，经过自然干燥育苗盘会发生一定的膨胀。经过前期研究发现，随着内部水分的蒸发，生物质育苗盘整体尺寸干燥前后变化并不明显（小于4%），而通过育苗盘侧壁干燥前后尺寸变化对比，可得出不同配比和成型参数下的干燥后侧壁膨胀情况。因此，试验中所述育苗盘膨胀率与该盘侧壁厚度尺寸变化有关，评价其重要指标时用以下公式求解（玉米生物质苗盘侧壁设计厚度为3.5 mm）：

$$\delta_1=\frac{(L_2-L_1)}{L_1}\times 100\% \tag{7-13}$$

式中 δ_1——成型后膨胀率，%；

L_1——玉米生物质育苗盘侧壁设计厚度，mm；

L_2——玉米生物质育苗盘干燥后侧壁厚度，mm。

5. 育苗后膨胀率

育苗盘经过育苗周期后，由于育苗盘内纤维素和半纤维素遇水润胀，导致育苗盘膨胀。育苗后膨胀率是育苗盘内木质素对机械镶嵌结构包裹作用的间接体现，通过育苗盘侧壁育苗前后尺寸变化对比，可得出不同配比和成型参数下的育苗后侧壁膨胀情况。因此，试验中所述育苗盘膨胀率与该盘侧壁厚度尺寸变化有关，评价其重要指标时用以下公式求解：

$$\delta_2=\frac{(L_3-L_2)}{L_2}\times 100\% \tag{7-14}$$

式中 δ_2——育苗后膨胀率，%；

L_2——玉米生物质育苗盘干燥后侧壁厚度，mm；

L_3——玉米生物质育苗盘育苗后侧壁厚度，mm。

本研究为进行育苗后膨胀率的检测，简化了育苗试验过程，采用实际育苗指标，依照正常的农艺要求进行除播种环节外其他措施，因此后文对所有未播种的育苗试验所检测的膨胀率结果用遇水后膨胀率表达。

7.2　生物质育苗盘原料配比和成型参数单因素试验

7.2.1　牛粪与水稻秸秆质量比和含水率对育苗盘成型率的影响试验

1. 试验目的

通过生物质育苗盘制备试验，确定多种牛粪与水稻秸秆质量比在不同含水率条件下的成型率。

2. 试验方案

利用玉米育苗盘成型模具，分别用牛粪与水稻秸秆质量比75%、80%、85%、90%、95%和100%的生物质物料制备育苗盘（制备方法同3.7.1），每种物料配比分别按照含水率14%、17%、20%、23%、26%、29%和32%进行制备，物料含水率按照公式（7-15）进行计算，每个含水率重复制备20次，根据成型结果计算成型率。

$$w=\frac{m-m_1(1-w_1)-m_2(1-w_2)}{m}\times 100\% \qquad (7-15)$$

式中　w——生物质物料含水率，%；

m——生物质物料总质量，g；

m_1——牛粪添加质量，g；

m_2——水稻秸秆添加质量，g；

w_1——所选牛粪含水率，%；

w_2——所选水稻秸秆含水率，%。

3. 试验结果

将试验结果利用Matlab绘制响应曲面图，如图7-3所示。从响应曲面图可以看出，生物质育苗盘成型率与物料牛粪与水稻秸秆质量比增加成正比，成型率随牛粪与水稻秸秆质量比增大而升高。同时成型率随含水率的提高先升高后降低，当含水率超过26%后成型率开始降低。

从成型率结果等高线图（图7-4）可以看出，当牛粪与水稻秸秆质量比高于85%、含水率大于20%时生物质育苗盘成型率在80%以上，当含水率大于26%、牛粪与水稻秸秆质量比高于90%时成型率大于90%。依据成型率试验结果，后文生物质育苗盘原料成分配比试验参数选取范围为牛粪与水稻秸秆质量比大于85%，含水率大于20%小于32%。

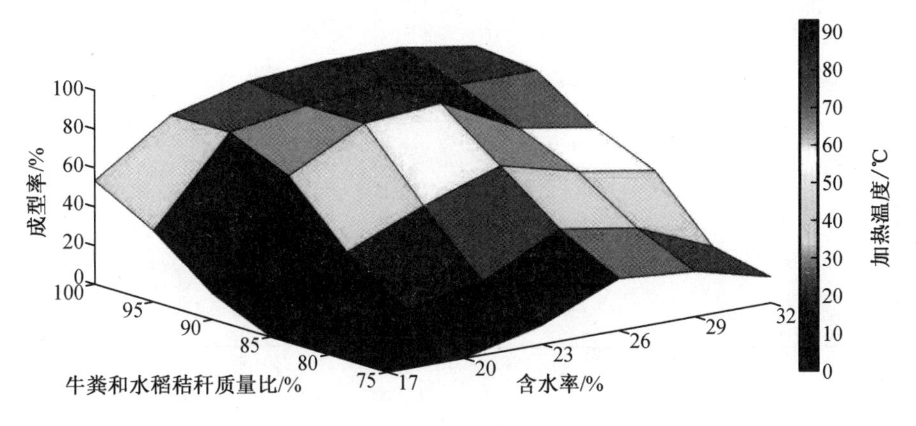

图 7-3 响应曲面图

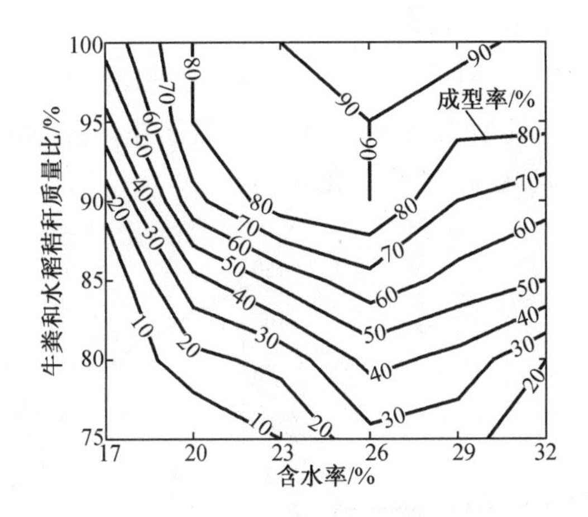

图 7-4 成型率结果等高线图

7.2.2 成型压强对生物质育苗盘性能影响单因素试验

1. 成型压强对破坏荷载的影响

将检测结果绘制散点图,如图 7-5 所示。由图可以看出,成型压强对破坏荷载的影响基本呈线性效应,随着成型压强的增加,破坏荷载逐渐增大,当成型压强超过 20 MPa 时,破坏荷载趋于稳定,不再变化。

2. 成型压强对遇水后破坏荷载的影响

将检测结果绘制散点图,如图 7-6 所示。由图可以看出,成型压强对遇水后破坏荷载的影响基本呈线性效应,随着成型压强的增加,遇水后破坏荷载逐渐增大,当成型压强超过 20 MPa 时,遇水后破坏荷载趋于稳定,不再变化。

3. 成型压强对膨胀率的影响

将检测结果绘制散点图,如图 7-7 所示。由图可以看出,成型压强对膨胀率的影响基本呈线性效应,随着成型压强的增加,膨胀率逐渐减小,当成型压强超过 20 MPa 时,膨胀率趋于稳定,不再变化。

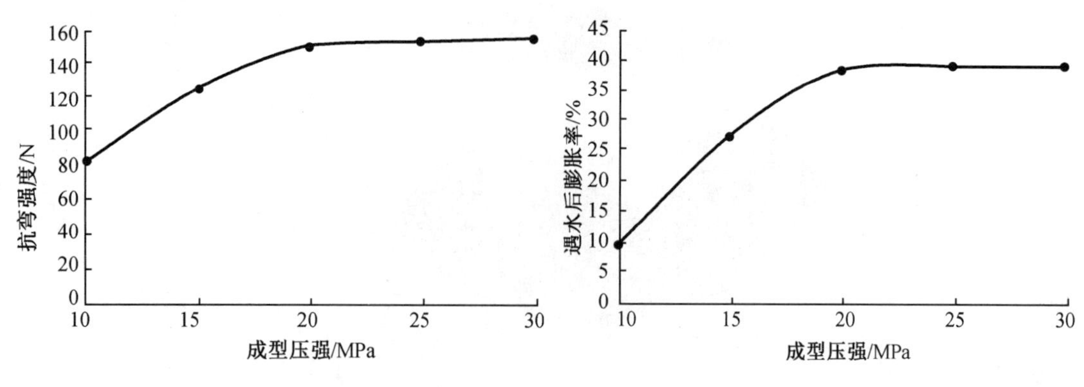

图 7-5　成型压强对破坏荷载的影响　　　图 7-6　成型压强对遇水后破坏荷载的影响

4. 成型压强对遇水后膨胀率的影响

将检测结果绘制散点图，如图 7-8 所示。由图可以看出，成型压强对遇水后膨胀率的影响基本呈线性效应，随着成型压强的增加，遇水后膨胀率逐渐减小，当成型压强超过 20 MPa时，遇水后膨胀率趋于稳定，不再变化。

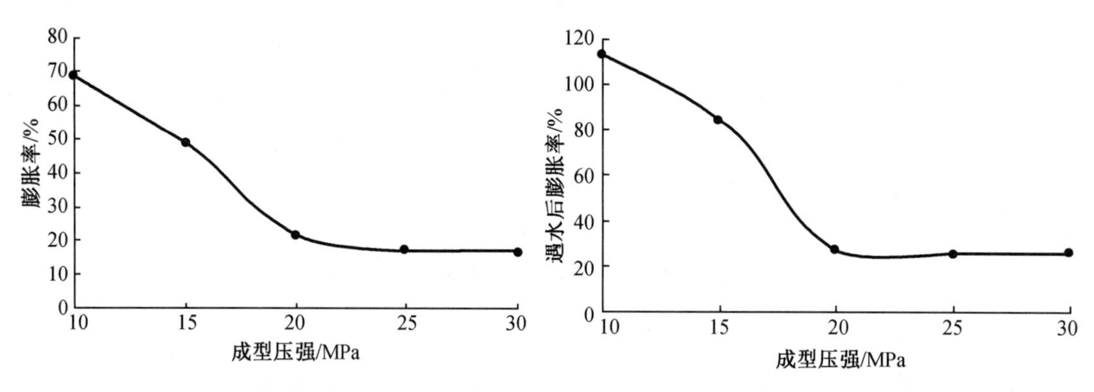

图 7-7　成型压强对膨胀率的影响　　　图 7-8　成型压强对遇水后膨胀率的影响

7.2.3　牛粪与水稻秸秆质量比对生物质育苗盘性能影响单因素试验

1. 牛粪与水稻秸秆质量比对破坏荷载的影响

将检测结果绘制散点图，如图 7-9 所示。由图可以看出，破坏荷载随着牛粪与水稻秸秆质量比的变化出现先增大后减小的趋势，随着牛粪与水稻秸秆质量比的增加，破坏荷载逐渐增大，当牛粪与水稻秸秆质量比达到 92% 时，破坏荷载开始下降。

2. 牛粪与水稻秸秆质量比对遇水后破坏荷载的影响

将检测结果绘制散点图，如图 7-10 所示。由图可以看出，遇水后破坏荷载随着牛粪与水稻秸秆质量比的变化出现先增大后减小的趋势，在牛粪与水稻秸秆质量比达到 92% 之前，遇水后破坏荷载急剧增加，牛粪与水稻秸秆质量比达到 92% 之后，逐渐缓慢降低。

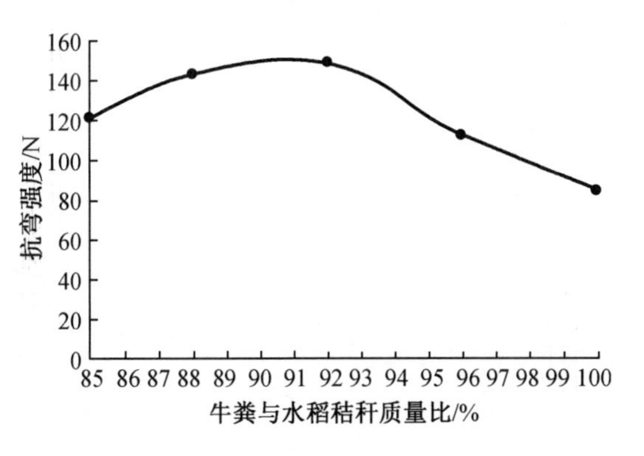

图7-9 牛粪与水稻秸秆质量比对破坏荷载的影响

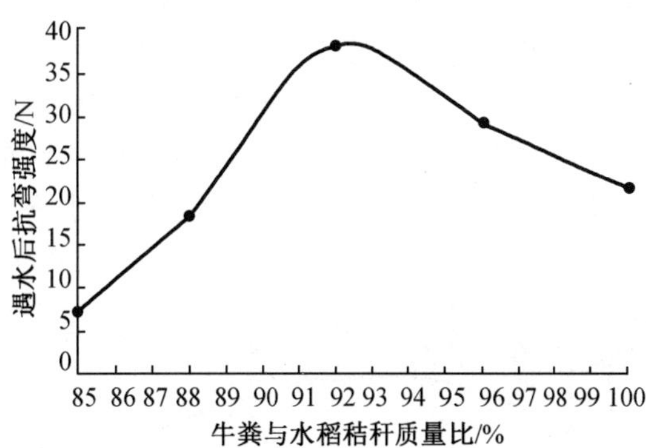

图7-10 牛粪与水稻秸秆质量比对遇水后破坏荷载的影响

3. 牛粪与水稻秸秆质量比对膨胀率的影响

将检测结果绘制散点图,如图7-11所示。由图可以看出,牛粪与水稻秸秆质量比对膨胀率的影响基本呈线性效应,随着牛粪与水稻秸秆质量比的增加,膨胀率逐渐减小,当牛粪与水稻秸秆质量比超过92%时,膨胀率趋于稳定,不再变化。

4. 牛粪与水稻秸秆质量比对遇水后膨胀率的影响

将检测结果绘制散点图,如图7-12所示。由图可以看出,牛粪与水稻秸秆质量比对遇水后膨胀率的影响基本呈线性效应,随着牛粪与水稻秸秆质量比的增加,遇水后膨胀率逐渐减小,当牛粪与水稻秸秆质量比超过92%时,遇水后膨胀率趋于稳定,不再变化。

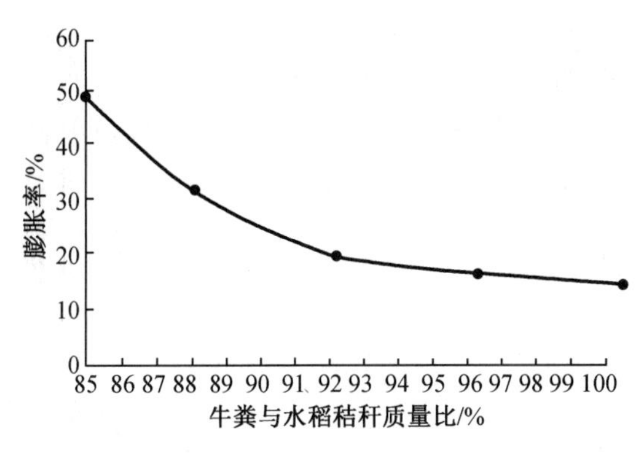

图7-11 牛粪与水稻秸秆质量比对膨胀率的影响

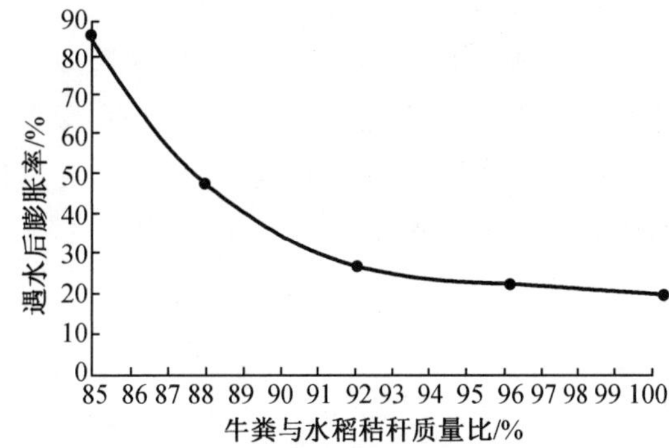

图7-12 牛粪与水稻秸秆质量比对遇水后膨胀率的影响

7.2.4 含水率对生物质育苗盘性能影响单因素试验

1. 含水率对破坏荷载的影响

将检测结果绘制散点图,如图7-13所示。由图可以看出,破坏荷载随着含水率的变化出现先增大后减小的趋势,在含水率达到23%之前,破坏荷载缓慢增加,含水率达到23%之后，破坏荷载逐渐缓慢降低。

2. 含水率对遇水后破坏荷载的影响

将检测结果绘制散点图，如图 7－14 所示。由图可以看出，遇水后破坏荷载随着含水率的变化出现先增大后减小的趋势，在含水率达到 23% 之前，遇水后破坏荷载缓慢增加，含水率达到 23% 之后，遇水后破坏荷载逐渐缓慢降低。

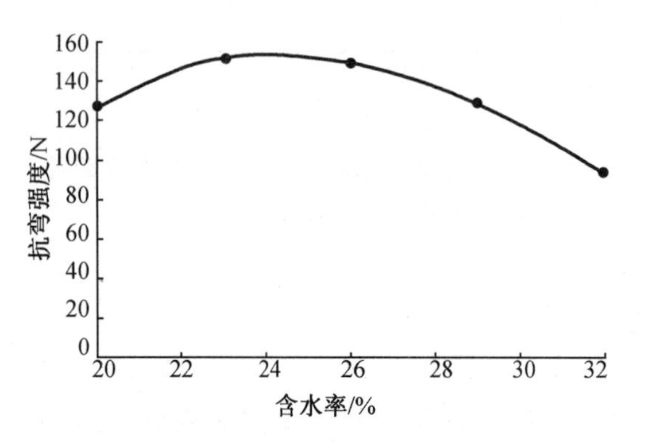

图 7－13　含水率对破坏荷载的影响

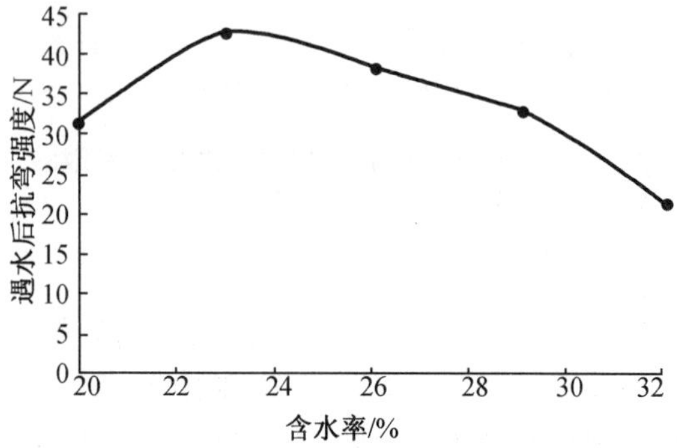

图 7－14　含水率对遇水后破坏荷载的影响

3. 含水率对膨胀率的影响

将检测结果绘制散点图，如图 7－15 所示。由图可以看出，含水率对膨胀率的影响基本呈线性效应，随着含水率的增加，膨胀率逐渐增加，在含水率达到 23% 之前，膨胀率基本平稳，含水率达到 23% 之后，膨胀率逐渐增大。

4. 含水率对遇水后膨胀率的影响

将检测结果绘制散点图，如图 7－16 所示。由图可以看出，含水率对遇水后膨胀率的影响基本呈线性效应，随着含水率的增加，膨胀率逐渐增加，在含水率达到 23% 之前，遇水后膨胀率基本平稳，含水率达到 23% 之后，遇水后膨胀率增大，含水率在 23% ～26% 时，遇水后膨胀率增大比例较大。

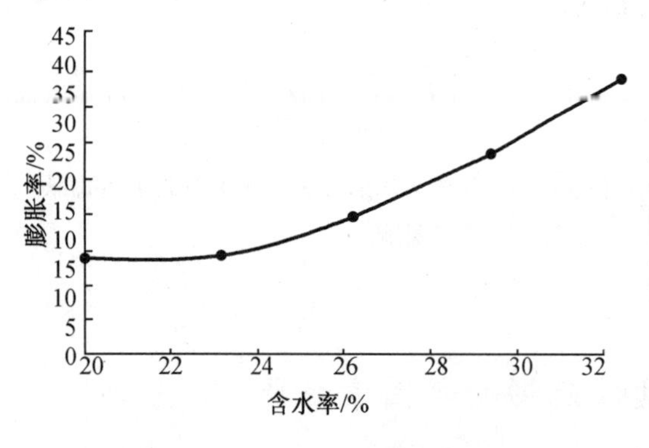

图 7－15　含水率对膨胀率的影响

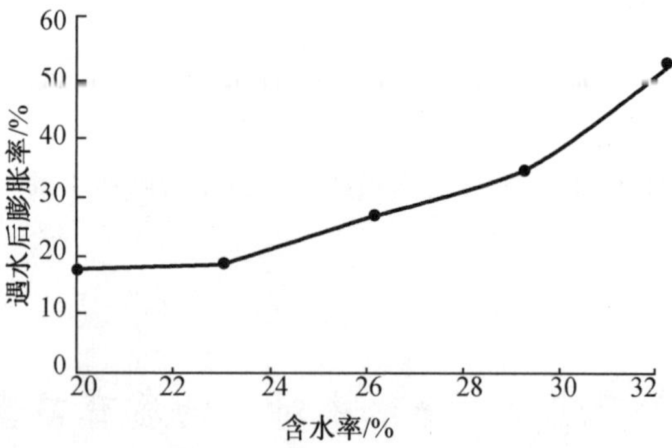

图 7－16　含水率对遇水后膨胀率的影响

7.3 育苗盘原料配比和成型参数多因素试验

7.3.1 试验设计及方案

根据前文单因素试验结果，确定了成型率和牛粪与水稻秸秆质量比成正比，随物料含水率提高先升高后降低，在牛粪与水稻秸秆质量比为85%～100%，含水率为20%～32%，生物质玉米育苗盘的成型率大于80%。生物质育苗盘育苗试验前后的破坏荷载均随含水率的增长先增高后降低，在物料含水率低于17%时，生物质育苗盘因无法完整成型，其破坏荷载低于自身重力带来的弯矩力。生物质育苗盘育苗试验前后的膨胀率均随含水率的增大而增大，物料含水率高于35%时，育苗盘在自然干燥后膨胀率超过100%，并出现松散断裂现象。以此确定多因素试验中含水率范围为23%～29%。

多因素试验中选取育苗盘成型压强、牛粪与水稻秸秆质量比、物料含水率，以生物质育苗盘成型后破坏荷载（图表中“破坏荷载”）、育苗后破坏荷载（图表中“遇水后破坏荷载”）、成型后膨胀率（图表中“膨胀率”）、育苗后膨胀率（图表中“遇水后膨胀率”）为育苗盘性能指标，采用三因素五水平二次正交旋转组合设计试验方案。三因素五水平二次正交旋转组合试验安排见表7－1，二次回归旋转组合设计正交表见表7－2。

表7－1 正交旋转组合试验各变量因素水平编码表

代码	因素	水平				
		－1.682	－1	0	+1	+1.682
A	成型压强/MPa	11.59	15	20	25	28.41
B	牛粪与水稻秸秆质量比/%	85.27	88	92	96	98.73
C	含水率/%	20.95	23	26	29	31.05

表7－2 二次回归旋转组合设计正交表

试验号	*A*	*B*	*C*
1	－1.682	0	0
2	0	1.682	0
3	1	－1	－1
4	0	0	0
5	0	0	1.682

表 7－2(续)

试验号	A	B	C
6	0	0	0
7	－1	－1	1
8	－1	－1	－1
9	1	－1	1
10	0	0	0
11	1	1	－1
12	－1	1	－1
13	1	1	1
14	－1	1	1
15	0	0	0
16	1.682	0	0
17	0	－1.682	0
18	0	0	0
19	0	0	－1.682
20	0	0	0

7.3.2 试验结果

按所选取的正交试验表进行试验,结果见表 7－3。

表 7－3 二次回归旋转组合设计方案及结果

序号	A:成型压强/MPa	B:牛粪与水稻秸秆质量比/%	C:含水率/%	W:破坏荷载/N	X:遇水后破坏荷载/N	Y:膨胀率/%	Z:遇水后膨胀率/%
1	12	92	26	118.5	29.9	34.2	42.3
2	20	99	26	111.4	12.9	11.1	14.1
3	25	88	23	122.5	26.8	47.8	88.6
4	20	92	26	146.9	43.7	22.9	26.9
5	20	92	31	88.6	11.6	61.5	87.1
6	20	92	26	148.5	38.9	19.6	21.8
7	15	88	29	112.8	19.5	47.8	52.5
8	15	88	23	129.5	25.9	45.9	71.4
9	25	88	29	101.8	24.4	61.8	99.9
10	20	92	26	142.7	39.2	16.6	26.9

表 7-3(续)

序号	A:成型压强/MPa	B:牛粪与水稻秸秆质量比/%	C:含水率/%	W:破坏荷载/N	X:遇水后破坏荷载/N	Y:膨胀率/%	Z:遇水后膨胀率/%
11	25	96	23	121.6	20.5	26.3	33.1
12	15	96	23	119.9	27.7	30.8	32.4
13	25	96	29	97.1	9.6	54.2	66.9
14	15	96	29	95.4	20.9	34.3	43.8
15	20	92	26	145.8	42.2	20.3	30.4
16	28	92	26	92.2	21.5	60.8	79.3
17	20	85	26	128.2	32.8	61.6	105.3
18	20	92	26	147.2	41.2	15.1	19.1
19	20	92	21	121.8	32.4	24.8	35.2
20	20	92	26	151.5	41.8	25.9	34.6

7.3.3 试验结果回归分析

1. 破坏荷载

将多因素试验结果利用 Design - Expert Version 8.0.6 软件进行分析,回归得到以成型压强、牛粪与水稻秸秆质量比和含水率为自变量,以破坏荷载为响应函数的数学模型:

$$W = 146.95 - 4.31A - 4.46B - 10.41C + 2.68AB - 0.50AC - 1.45BC - 13.77A^2 - 8.66B^2 - 13.82C^2 \quad (7-16)$$

式中 W——破坏荷载,N;

A——成型压强,MPa;

B——牛粪与水稻秸秆质量比,%;

C——含水率,%。

方差分析见表 7-4。经过对破坏荷载模型整体方差分析可以看出,P 值远小于 0.001,回归方程有意义。

表 7-4 破坏荷载方差分析表

方差来源	平方和	自由度	均方	F	P	显著性
Model	7 629.985	9	847.776 1	35.3616 2	<0.000 1	* *
A	253.433 5	1	253.433 5	10.570 97	0.008 7	* *
B	271.162 3	1	271.162 3	11.310 46	0.007 2	* *
C	1 481.377	1	1 481.377	61.789 75	<0.000 1	* *
AB	57.245	1	57.245	2.387 748	0.153 3	

表 7-4(续)

方差来源	平方和	自由度	均方	F	P	显著性
AC	2	1	2	0.083 422	0.778 6	
BC	16.82	1	16.82	0.701 58	0.421 8	
A^2	2 732.04	1	2 732.04	113.956 2	<0.000 1	* *
B^2	1 080.74	1	1 080.74	45.078 78	<0.000 1	* *
C^2	2 753.126	1	2 753.126	114.835 7	<0.000 1	* *
残差	239.744 7	10	23.974 47			
失拟合	197.324 7	5	39.464 94	4.651 69	0.058 5	
纯误差	42.42	5	8.484			
总离差	7 869.73	19				

注：* $P<0.05$ 表示差异显著，* * $P<0.01$ 表示差异极显著。

失拟合项方差分析表明，该模型 P 大于 0.05，说明模型合理，无须拟合更高次项方程，不需要引入更多的自变量。模型决定系数在 0.9 以上，说明响应值的变化 90.0% 以上来源于所选因素。变异系数表示不同水平的处理组之间的变异程度，该模型变异系数较小，说明模型的可信度较高，故认为试验数据合理。信噪比是表示信号与噪声的比例，通常希望该值大于 4。在该模型中，信噪比为 16.350 45，远远大于 4，说明了模型的充分性和合理性，故认为该模型具有较高的精确度，能准确地反映试验结果。对生物质育苗盘破坏荷载的影响中，成型压强、牛粪与水稻秸秆质量比、含水率因素既存在线性效应，也存在二次方效应，因素间交互效应较弱（表 7-5）。

表 7-5　破坏荷载模型拟合分析

项目	数值	项目	数值
样本标准偏差	4.896 373	拟合度	0.969 536
算数平均	122.195	Adj 拟合度	0.942 118
变异系数	4.007 016	Pred 拟合度	0.801 811
PRESS	1 559.691	信噪比	16.350 45

（1）成型压强、牛粪与水稻秸秆质量比、含水率对破坏荷载的影响趋势分析

波动图如图 7-17 所示，从图中可以看出牛粪与水稻秸秆质量比和含水率对破坏荷载影响呈曲线效应，随着牛粪与水稻秸秆质量比和含水率的增加，破坏荷载呈先增加后降低的趋势，成型压强对破坏荷载影响基本呈线性效应，随着成型压强增加，破坏荷载呈线性增大趋势。从成型压强、牛粪与水稻秸秆质量比和含水率波动图的变化幅度和陡峭程度可见，对破坏荷载的影响上，成型压强高于含水率，含水率高于牛粪与水稻秸秆质量比，总体上对响应值影响由高到低为成型压强、含水率、牛粪与水稻秸秆质量比。

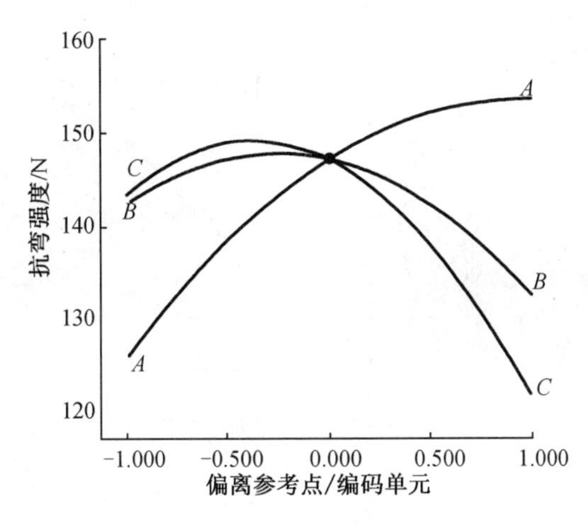

图 7－17 破坏荷载影响因素波动图

(2)成型压强和牛粪与水稻秸秆质量比的交互作用对破坏荷载的影响分析

图 7－18 为成型压强和牛粪与水稻秸秆质量比交互作用时对破坏荷载影响的等高线图和响应曲面图。从响应曲面图中可以看出,当牛粪与水稻秸秆质量比水平固定时,生物质育苗盘的破坏荷载随着成型压强水平增大而增加,在成型压强低于 20 MPa 时,生物质育苗盘破坏荷载随成型压强水平增大而增加的趋势较为明显,在成型压强超过 20 MPa 时,生物质育苗盘破坏荷载随成型压强水平增大而增加的趋势较为平缓。当成型压强水平固定时,破坏荷载随牛粪与水稻秸秆质量比的增大呈先升高后降低的趋势。当牛粪与水稻秸秆质量比小于 92% 时,破坏荷载随牛粪与水稻秸秆质量比水平增加而增大,牛粪与水稻秸秆质量比超过 92% 时,破坏荷载随牛粪与水稻秸秆质量比水平增加而减小。从等高线图可以看出,牛粪与水稻秸秆质量比和成型压强的交互作用接近椭圆,说明两者的交互作用较大,等高线较密集说明牛粪与水稻秸秆质量比和成型压强对生物质育苗盘的破坏荷载影响显著。

(3)成型压强和含水率的交互作用对破坏荷载的影响分析

图 7－19 为成型压强和含水率交互作用时对破坏荷载影响的等高线图和响应曲面图。从响应曲面图中可以看出,当含水率水平固定时,生物质育苗盘的破坏荷载随着成型压强水平增大而增加,在成型压强低于 20 MPa 时,生物质育苗盘破坏荷载随成型压强水平增大而增加的趋势较为明显,在成型压强超过 20 MPa 时,生物质育苗盘破坏荷载随成型压强水平增大而增加的趋势较为平缓。当成型压强水平固定时,生物质育苗盘破坏荷载随含水率水平的增大呈先升高后降低的趋势,破坏荷载随含水率的变化较明显。当含水率水平小于 25% 时,破坏荷载随含水率水平增加而增大,含水率超过 25% 时,破坏荷载随含水率水平增加而减小。从等高线图可以看出,含水率和成型压强的交互作用接近椭圆,说明两者的交互作用较大,同时等高线较密集说明含水率和成型压强对生物质育苗盘的破坏荷载影响显著。

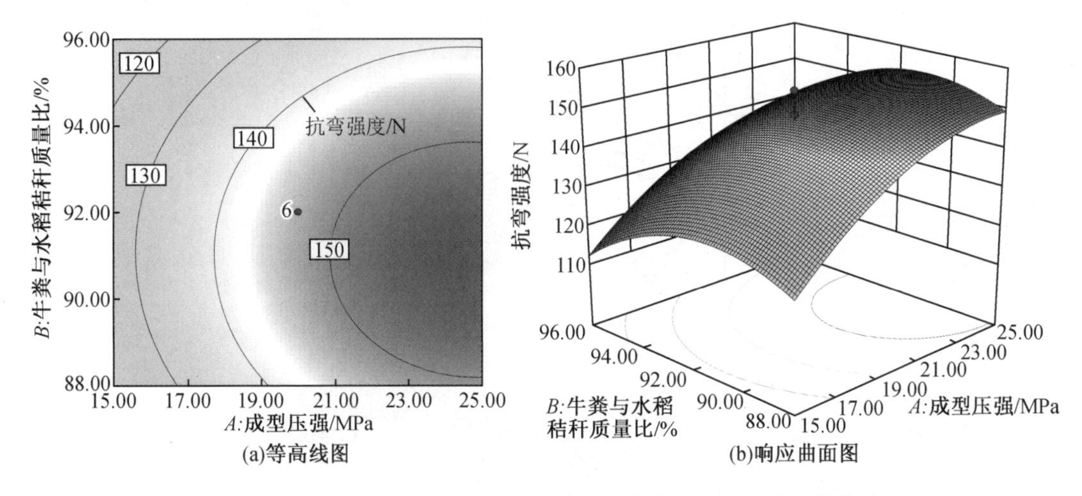

图 7-18　成型压强和牛粪与水稻秸秆质量比的交互作用对破坏荷载的影响

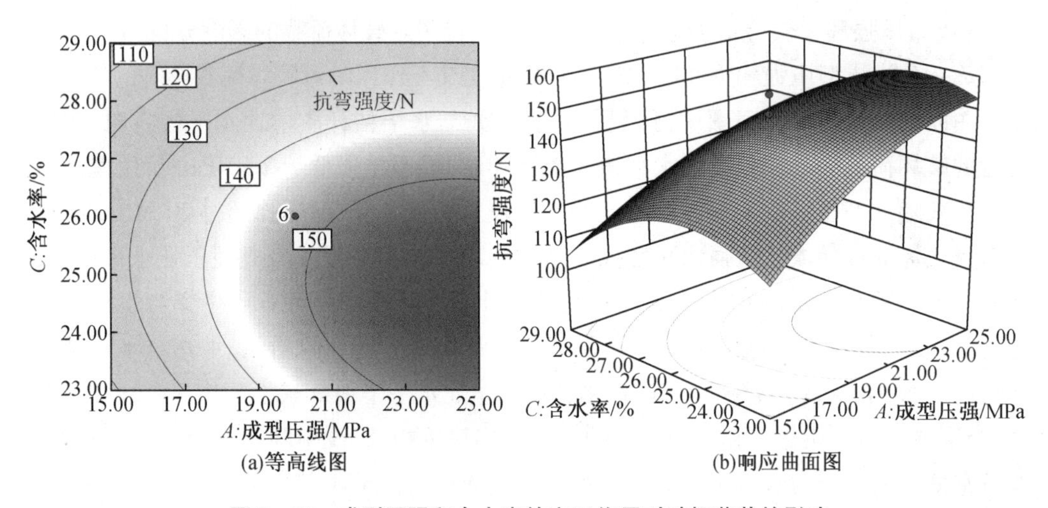

图 7-19　成型压强和含水率的交互作用对破坏荷载的影响

(4)牛粪与水稻秸秆质量比和含水率的交互作用对破坏荷载的影响分析

图 7-20 为牛粪与水稻秸秆质量比和含水率交互作用时对破坏荷载影响的等高线图和响应曲面图。响应面图呈现开口向下的钟罩形,即随着因素水平的增加,响应值呈先增加后下降的趋势。当含水率水平固定时,生物质育苗盘的破坏荷载随着牛粪与水稻秸秆质量比水平增大呈先升高后降低的趋势,破坏荷载随牛粪与水稻秸秆质量比水平变化较明显。当牛粪与水稻秸秆质量比水平小于 92% 时,破坏荷载随牛粪与水稻秸秆质量比水平增加而增大,牛粪与水稻秸秆质量比超过 92% 时,破坏荷载随牛粪与水稻秸秆质量比水平增加而减小。当牛粪与水稻秸秆质量比水平固定时,生物质育苗盘破坏荷载随含水率水平的增大呈先升高后降低的趋势,破坏荷载随含水率的变化较明显。当含水率小于 25% 时,破坏荷载随含水率水平增加而增大,含水率超过 25% 时,破坏荷载随牛粪与水稻秸秆质量比水平增加而减小。从等高线图可以看出,含水率和牛粪与水稻秸秆质量比的交互作用的等高线趋近于椭圆,说明两者的交互作用大,同时等高线较密集说明牛粪与水稻秸秆质量比和含

水率对生物质育苗盘破坏荷载影响显著。

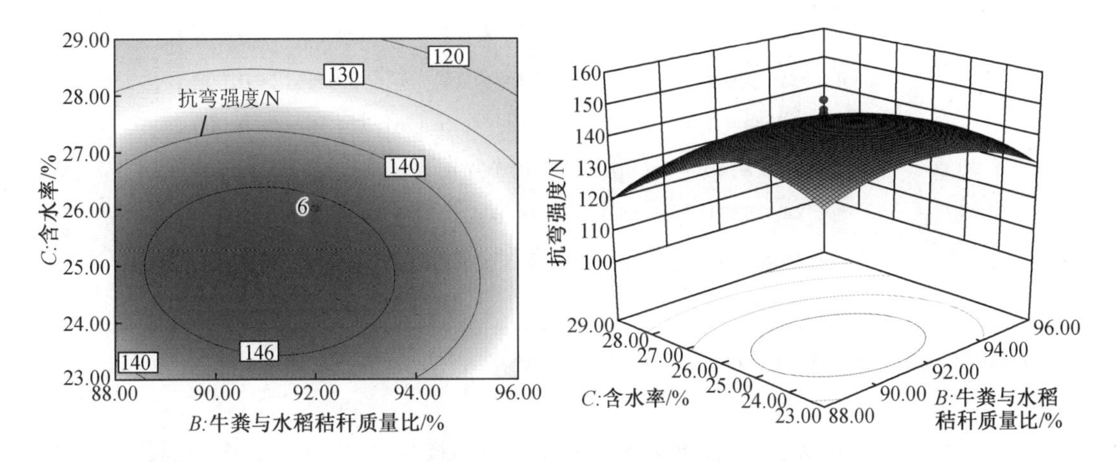

图7-20　牛粪与水稻秸秆质量比和含水率的交互作用对破坏荷载的影响

由各因素贡献率和交互作用可知，各因素对生物质育苗盘破坏荷载的影响主次顺序为成型压强>含水率>牛粪与水稻秸秆质量比。

2. 遇水后破坏荷载

以遇水后破坏荷载为响应函数，以成型压强、牛粪与水稻秸秆质量比和含水率为自变量建立的回归数学模型为

$$X = 41.18 - 1.96A - 3.76B - 4.50C - 3.04AB - 0.012AC - 1.11BC - 5.58A^2 - 6.59B^2 - 6.89C^2 \quad (7-17)$$

式中　X——遇水后破坏荷载，N；

A——成型压强，MPa；

B——牛粪与水稻秸秆质量比，%；

C——含水率，%。

由表7-6可知，三种因素对遇水后破坏荷载模型方差分析表明P值远小于0.001，说明模型成立，且模型非常显著，回归方程有意义。

表7-6　遇水后破坏荷载方差分析表

方差来源	平方和	自由度	均方	F	P	显著性
Model	2 077.168	9	230.796 4	22.870 6	<0.000 1	* *
A	52.698 16	1	52.698 16	5.222 084	0.045 4	*
B	193.209 8	1	193.209 8	19.145 98	0.001 4	* *
C	276.780 4	1	276.780 4	27.427 34	0.000 4	* *
AB	73.811 25	1	73.811 25	7.314 269	0.022 1	*
AC	0.001 25	1	0.001 25	0.000 124	0.991 3	
BC	9.901 25	1	9.901 25	0.981 157	0.345 3	

表7-6(续)

方差来源	平方和	自由度	均方	F	P	显著性
A^2	448.856 7	1	448.856 7	44.479 12	<0.000 1	* *
B^2	625.570 9	1	625.570 9	61.990 46	<0.000 1	* *
C^2	683.940 5	1	683.940 5	67.774 56	<0.000 1	* *
残差	100.914	10	10.091 4			
失拟合	84.020 71	5	16.804 14	4.973 602	0.051 5	
纯误差	16.893 33	5	3.378 667			
总离差	2 178.082	19				

注:* $P<0.05$ 表示差异显著,* * $P<0.01$ 表示差异极显著。

失拟合项方差分析表明,该模型 P 大于0.05,说明模型合理,无须拟合更高次项方程,不需要引入更多的自变量。模型决定系数在0.9以上,说明生物质育苗盘遇水后破坏荷载的变化90.0%以上来源于所选因素成型压强、牛粪与水稻秸秆质量比和含水率。该模型变异系数较小,说明模型的可信度较高,故认为试验数据合理。在该模型中,信噪比为14.890 7,远大于4,说明了模型的充分性和合理性,故认为该模型具有较高的精确度,能准确地反映试验结果。对生物质育苗盘遇水后破坏荷载的影响中,成型压强、牛粪与水稻秸秆质量比、含水率因素既存在线性效应,也存在二次方效应,因素间交互效应较弱(表7-7)。

表7-7　遇水后破坏荷载模型拟合分析

项目	数据	项目	数据
样本标准偏差	3.176 697	拟合度	0.953 668
算数平均	28.17	Adj 拟合度	0.911 97
变异系数	11.276 88	Pred 拟合度	0.689 885
PRESS	675.456 1	信噪比	14.890 7

(1)成型压强、牛粪与水稻秸秆质量比、含水率对遇水后破坏荷载的影响趋势分析

波动图如图7-21所示。从图中可见牛粪与水稻秸秆质量比和含水率对破坏荷载影响呈现曲线效应,随着牛粪与水稻秸秆质量比和含水率的增加,遇水后破坏荷载呈先增加后降低的趋势,成型压强对遇水后破坏荷载影响基本呈线性效应,随着成型压强增加,遇水后破坏荷载呈线性增大趋势。从成型压强、牛粪与水稻秸秆质量比和含水率波动图的变化幅度及陡峭程度可见,在对破坏荷载的影响上,牛粪与水稻秸秆质量比高于含水率,含水率高于成型压强,总体上对响应值影响由高到低为牛粪与水稻秸秆质量比、含水率、成型压强。

(2)成型压强和牛粪与水稻秸秆质量比的交互作用对遇水后破坏荷载的影响分析

图7-22为成型压强和牛粪与水稻秸秆质量比交互作用时对遇水后破坏荷载影响的等高线图和响应曲面图。从响应曲面图中可以看出,当牛粪与水稻秸秆质量比水平固定时,

生物质育苗盘遇水后破坏荷载随着成型压强水平增大而增加，在成型压强低于20 MPa时，生物质育苗盘遇水后破坏荷载随成型压强水平增大而增加的趋势较为明显，在成型压强超过20 MPa时，生物质育苗盘遇水后破坏荷载随成型压强水平增大而增加的趋势较为平缓。当成型压强水平固定时，遇水后破坏荷载随牛粪与水稻秸秆质量比的增大呈先升高后降低的趋势。当牛粪与水稻秸秆质量比小于92%时，遇水后破坏荷载随牛粪与水稻秸秆质量比水平增加而增大，牛粪与水稻秸秆质量比超过92%时，遇水后破坏荷载随牛粪与水稻秸秆质量比水平增加而减小。从等高线图可以看出，牛粪与水稻秸秆质量比和成型压强的交互作用接近椭圆，说明两者的交互作用较大，等高线较密集说明牛粪与水稻秸秆质量比和成型压强对生物质育苗盘遇水后破坏荷载影响显著。

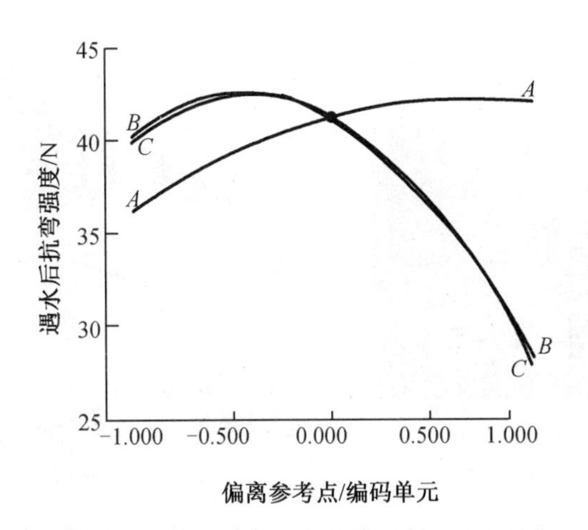

图7－21　遇水后破坏荷载影响因素波动图

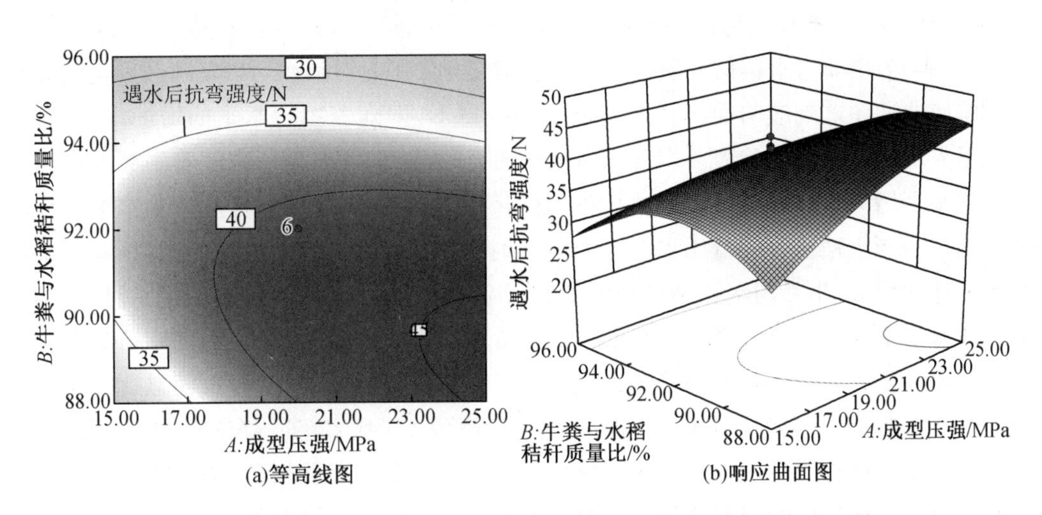

图7－22　成型压强和牛粪与水稻秸秆质量比的交互作用对遇水后破坏荷载的影响

(3)成型压强和含水率的交互作用对遇水后破坏荷载的影响分析

图7－23为成型压强和含水率交互作用时对遇水后破坏荷载影响的等高线图和响应曲

面图。从响应曲面图中可以看出，当含水率水平固定时，生物质育苗盘的破坏荷载随着成型压强水平增大而增加，在成型压强低于 20 MPa 时，生物质育苗盘遇水后破坏荷载随成型压强水平增大而增加的趋势较为明显，在成型压强超过 20 MPa 时，生物质育苗盘遇水后破坏荷载随成型压强水平增大而增加的趋势较为平缓。当成型压强水平固定时，生物质育苗盘遇水后破坏荷载随含水率水平的增大呈先升高后降低的趋势，遇水后破坏荷载随含水率的变化较明显。当含水率水平小于 26% 时，遇水后破坏荷载随含水率水平增加而增大，含水率超过 26% 时，遇水后破坏荷载随含水率水平增加而减小。由等高线图可以看出，生物质物料含水率和成型压强交互作用接近圆形，故认为两者的交互作用不大，等高线较稀疏，因此对遇水后破坏荷载的影响不大。

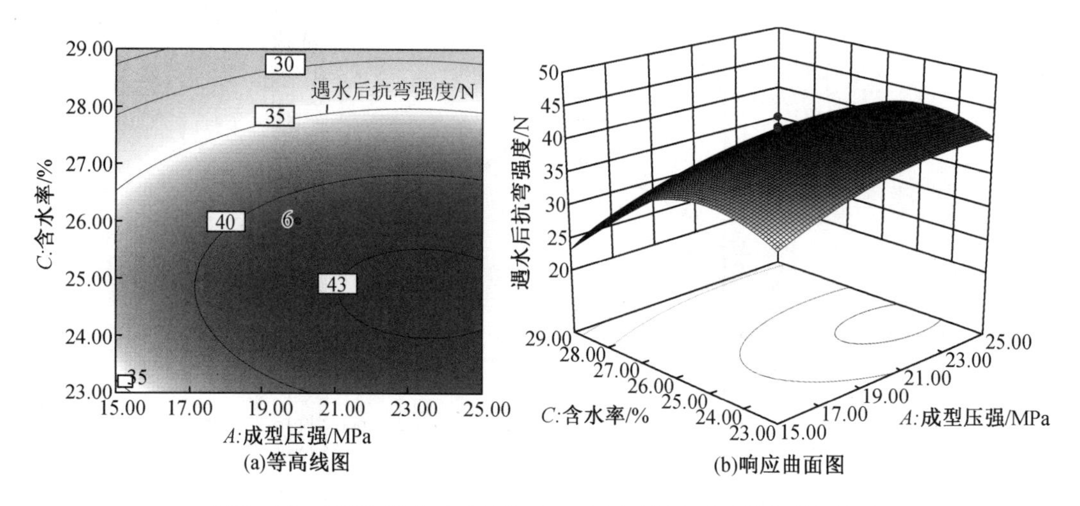

图 7-23 成型压强和含水率的交互作用对遇水后破坏荷载的影响

(4)牛粪与水稻秸秆质量比和含水率的交互作用对遇水后破坏荷载的影响分析

图 7-24 为牛粪与水稻秸秆质量比和含水率交互作用时对遇水后破坏荷载影响的等高线图和响应曲面图。响应曲面图呈开口向下的钟罩形，即随着因素水平的增加，遇水后破坏荷载呈先增加后下降的趋势。当含水率水平固定时，遇水后破坏荷载随着牛粪与水稻秸秆质量比水平增大呈先升高后降低的趋势，破坏荷载随牛粪与水稻秸秆质量比水平变化较明显。当牛粪与水稻秸秆质量比水平小于 92% 时，遇水后破坏荷载随牛粪与水稻秸秆质量比水平增加而增大，牛粪与水稻秸秆质量比超过 92% 时，遇水后破坏荷载随牛粪与水稻秸秆质量比水平增加而减小。当牛粪与水稻秸秆质量比水平固定时，遇水后破坏荷载随含水率水平的增大呈先升高后降低的趋势，遇水后破坏荷载随含水率的变化较明显。当含水率小于 26% 时，遇水后破坏荷载随含水率水平增加而增大，含水率超过 26% 时，遇水后破坏荷载随牛粪与水稻秸秆质量比水平增加而减小。从等高线图可以看出，生物质物料含水率和牛粪与水稻秸秆质量比的交互作用接近圆形，说明两者的交互作用不大，等高线较密集说明生物质物料含水率和牛粪与水稻秸秆质量比对生物质育苗盘遇水后破坏荷载影响显著。

由各因素贡献率和交互作用可知，各因素对生物质育苗盘遇水后破坏荷载的影响主次顺序为牛粪与水稻秸秆质量比 > 含水率 > 成型压强。

3. 膨胀率

根据试验结果，以膨胀率为响应函数，以成型压强、牛粪与水稻秸秆质量比和含水率为自变量建立的回归数学模型为

$$Y=20.07+5.57A-10.44B+7.98C-0.062AB+4.56AC+1.94BC+9.68A^2+5.74B^2+8.15C^2 \tag{7-18}$$

式中 Y——膨胀率，%；

A——成型压强，MPa；

B——牛粪与水稻秸秆质量比，%；

C——含水率，%。

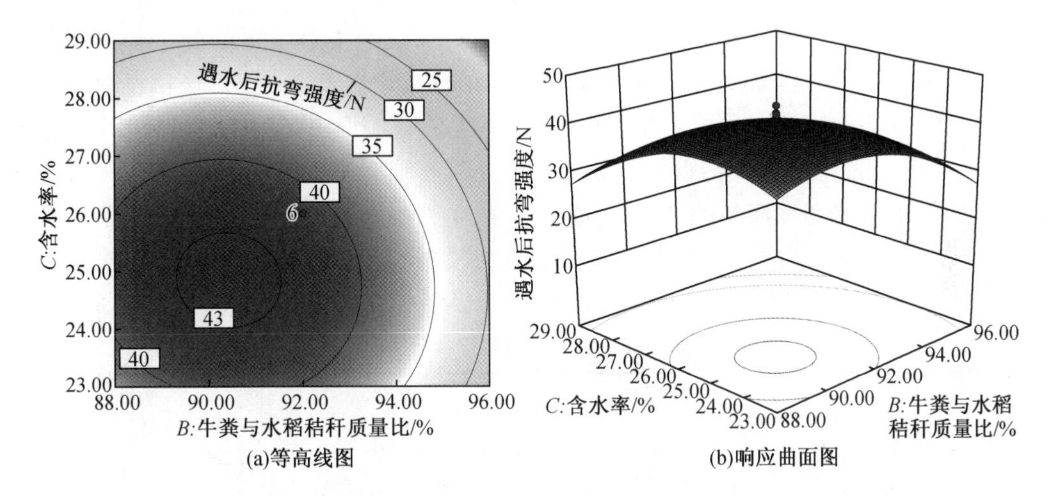

图7-24 牛粪与水稻秸秆质量比和含水率的交互作用对遇水后破坏荷载的影响

膨胀率方差分析表见表7-8，三种因素对膨胀率模型方差分析表明P值远小于0.001，说明模型成立，且模型非常显著，回归方程有意义。

表7-8 膨胀率方差分析表

方差来源	平方和	自由度	均方	F	P	显著性
Model	5 333.116	9	592.568 5	13.612 58	0.000 2	* *
A	423.335 1	1	423.335 1	9.724 926	0.010 9	*
B	1 489.616	1	1 489.616	34.219 71	0.000 2	* *
C	870.314 1	1	870.314 1	19.993	0.001 2	* *
AB	0.031 25	1	0.031 25	0.000 718	0.979 2	*
AC	166.531 3	1	166.531 3	3.825 584	0.079 0	
BC	30.031 25	1	30.031 25	0.689 883	0.425 6	
A^2	1 351.503	1	1 351.503	31.046 97	0.000 2	* *
B^2	475.137 2	1	475.137 2	10.914 93	0.008 0	* *

表 7-8(续)

方差来源	平方和	自由度	均方	F	P	显著性
C^2	956.317	1	956.317	21.968 67	0.000 9	* *
残差	435.309 4	10	43.530 94			
失拟合	356.296	5	71.259 21	4.509 315	0.062 0	
纯误差	79.013 33	5	15.802 67			
总离差	5 768.426	19				

注：* $P<0.05$ 表示差异显著，* * $P<0.01$ 表示差异极显著。

失拟合项方差分析表明，该模型 P 大于 0.05，说明模型合理，无须拟合更高次项方程，不需要引入更多的自变量。模型决定系数在 0.9 以上，说明生物质育苗盘膨胀率的变化 90.0% 以上来源于所选因素成型压强、牛粪与水稻秸秆质量比和含水率。该模型变异系数较小，说明模型的可信度较高，故认为试验数据合理。在该模型中，信噪比为 11.055 1，远大于 4，说明了模型的充分性和合理性，故认为该模型具有较高的精确度，能准确地反映试验结果。对生物质育苗盘膨胀率的影响中，成型压强、牛粪与水稻秸秆质量比、含水率因素既存在线性效应，也存在二次方效应，因素间交互效应较弱。

表 7-9　膨胀率模型拟合分析

项目	数据	项目	数据
样本标准偏差	6.597 798	拟合度	0.924 536
算数平均	36.165	Adj 拟合度	0.856 618
变异系数	18.243 6	Pred 拟合度	0.505 902
PRESS	2 850.169	信噪比	11.055 51

(1) 成型压强、牛粪与水稻秸秆质量比、含水率对膨胀率的影响趋势分析

波动图如图 7-25 所示。成型压强和牛粪与秸秆质量比对膨胀率影响呈线性效应，随着成型压强和牛粪与水稻秸秆质量比水平的增加，膨胀率呈线性减小趋势。含水率对膨胀率影响呈曲线效应，随着含水率水平的增加，膨胀率呈先降低后增加的趋势。从成型压强、牛粪与水稻秸秆质量比和含水率波动图的变化幅度和陡峭程度可见，在对膨胀率的影响上，牛粪与水稻秸秆质量比高于含水率，含水率高于成型压强，总体上对响应值影响由高到低为牛粪与水稻秸秆质量比、含水率、成型压强。

(2) 成型压强和牛粪与水稻秸秆质量比的交互作用对膨胀率的影响分析

图 7-26 为成型压强和牛粪与水稻秸秆质量比交互作用时对膨胀率影响的等高线图和响应曲面图。从响应曲面图中可以看出，当牛粪与水稻秸秆质量比水平固定时，生物质育苗盘膨胀率随着成型压强水平增大而降低，在成型压强低于 20 MPa 时，生物质育苗盘膨胀率随成型压强水平增大而降低的趋势较为明显，在成型压强超过 20 MPa 时，生物质育苗盘膨胀率随成型压强水平增大而降低的趋势较为平缓。当成型压强水平固定时，膨胀率随牛

粪与水稻秸秆质量比的增大呈逐渐降低的趋势。从等高线图可以看出,成型压强和牛粪与水稻秸秆质量比的交互作用接近椭圆,说明两者的交互作用较大,等高线较密集说明牛粪与水稻秸秆质量比和成型压强对生物质育苗盘的膨胀率影响显著。

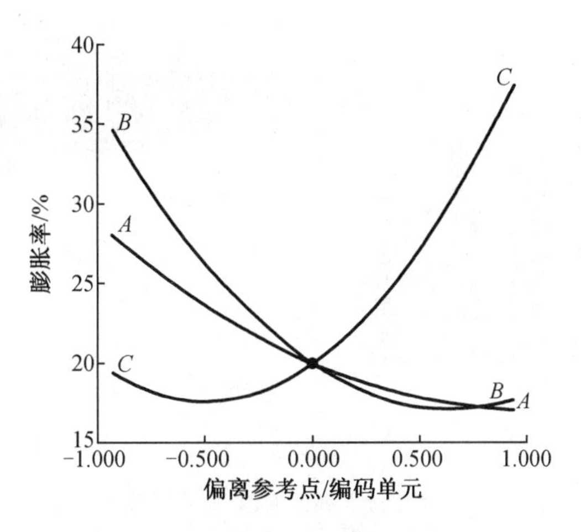

图7-25 膨胀率的影响因素波动图

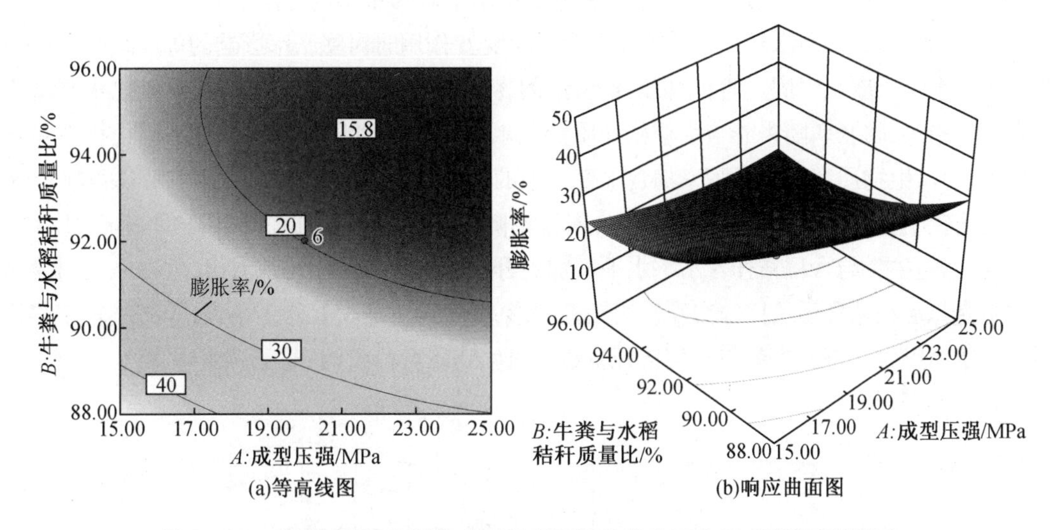

图7-26 成型压强和牛粪与水稻秸秆质量比的交互作用对膨胀率的影响

(3)成型压强和含水率的交互作用对膨胀率的影响分析

生物质物料含水率和成型压强交互作用时对膨胀率影响的等高线图和响应曲面图如图7-27所示。从响应曲面图中可以看出,当含水率水平固定时,生物质育苗盘膨胀率随着成型压强水平增长呈降低趋势,在成型压强低于20 MPa时,生物质育苗盘膨胀率随成型压强水平增大而降低的趋势较为明显,在成型压强超过20 MPa时,生物质育苗盘膨胀率随成型压强水平增大而降低的趋势较为平缓。当成型压强水平固定时,膨胀率随含水率的增大呈现先降低后增高的趋势,当含水率小于26%时,膨胀率随含水率水平增加而减小,含水率超过26%时,膨胀率随含水率水平增加而增大。由等高线图可以看出,生物质物料含水率和成型压强交互作用接近椭圆，说明两者交互作用较大，等高线较稀疏说明含水率和成型压强交互作用对膨胀率的影响不显著。

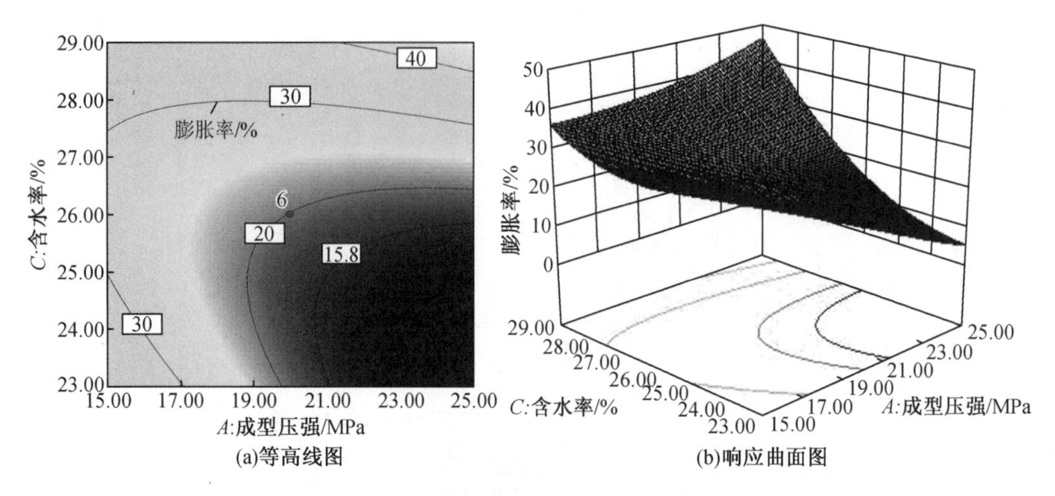

(a)等高线图　(b)响应曲面图

图 7－27　成型压强和含水率的交互作用对膨胀率的影响分析

（4）牛粪与水稻秸秆质量比和含水率的交互作用对膨胀率的影响分析

图 7－28 为牛粪与水稻秸秆质量比和含水率交互作用时对膨胀率影响的等高线图和响应曲面图。当含水率水平固定时，生物质育苗盘的膨胀率随着牛粪与水稻秸秆质量比水平增大呈降低的趋势，膨胀率随牛粪与水稻秸秆质量比水平变化较明显。当牛粪与水稻秸秆质量比水平固定时，生物质育苗盘膨胀率随含水率水平的增大呈先降低后升高的趋势，膨胀率随含水率的变化较明显。当含水率小于 26% 时，膨胀率随含水率水平增加而降低，含水率超过 26% 时，膨胀率随牛粪与水稻秸秆含水率水平增加而升高。从等高线图可以看出，生物质物料含水率和牛粪与水稻秸秆质量比的交互作用接近圆形，说明两者的交互作用不大，等高线较密集说明生物质物料含水率和牛粪与水稻秸秆质量比对生物质育苗盘的膨胀率影响显著。

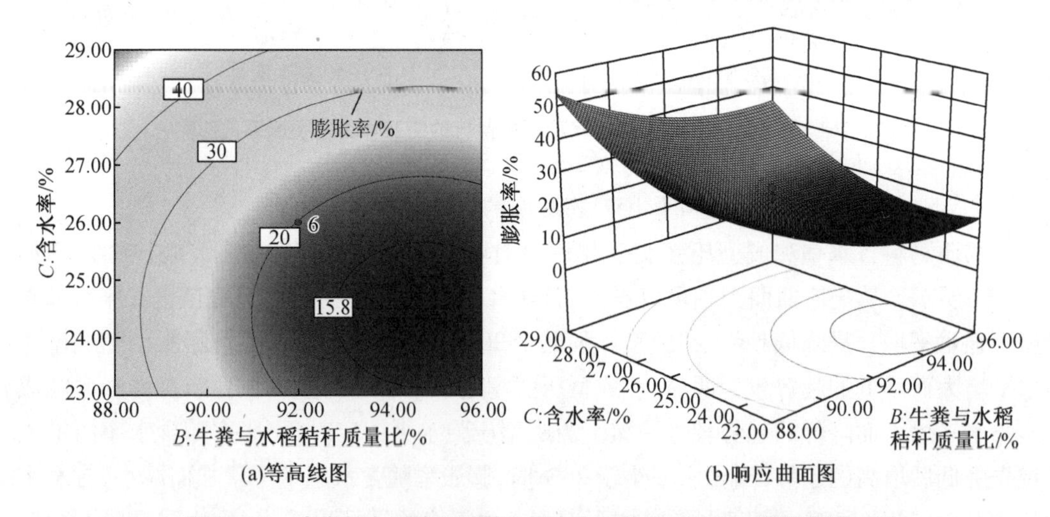

(a)等高线图　(b)响应曲面图

图 7－28　牛粪与水稻秸秆质量比和含水率的交互作用对膨胀率的影响

由各因素贡献率和交互作用可知，各因素对生物质育苗盘膨胀率的影响主次顺序为牛粪与水稻秸秆质量比 > 含水率 > 成型压强。

4. 遇水后膨胀率

根据试验结果，以遇水后膨胀率为响应函数，以成型压强、牛粪与水稻秸秆质量比和含水率为自变量建立的回归数学模型为

$$Z = 26.67 + 11.03A - 21.20B + 9.14C - 5.10AB + 6.58AC + 6.60BC + 11.76A^2 + 11.37B^2 + 11.89C^2 \quad (7-19)$$

式中　Z——遇水后膨胀率，%；

A——成型压强，MPa；

B——牛粪与水稻秸秆质量比，%；

C——含水率，%。

遇水后膨胀率方差分析表见表 7-10，三种因素对膨胀率模型方差分析表明 P 值远小于 0.001，说明模型成立，且模型非常显著，回归方程有意义。

表 7-10　遇水后膨胀率方差分析表

方差来源	平方和	自由度	均方	F	P	显著性
Model	14 763.76	9	1 640.417	18.393 72	<0.000 1	* *
A	1 661.312	1	1 661.312	18.628 01	0.001 5	* *
B	6 140.235	1	6 140.235	68.849 41	<0.000 1	* *
C	1 142.011	1	1 142.011	12.805 17	0.005 0	* *
AB	208.08	1	208.08	2.333 166	0.157 6	*
AC	345.845	1	345.845	3.877 901	0.077 2	
BC	348.48	1	348.48	3.907 447	0.076 3	
A^2	1 993.741	1	1 993.741	22.355 48	0.000 8	* *
B^2	1 864.076	1	1 864.076	20.901 57	0.001 0	* *
C^2	2 035.913	1	2 035.913	22.828 34	0.000 7	* *
残差	891.835 5	10	89.183 55			
失拟合	733.927 2	5	146.785 4	4.647 805	0.058 5	
纯误差	157.908 3	5	31.581 67			
总离差	15 655.59	19				

注：* $P<0.05$ 表示差异显著，* * $P<0.01$ 表示差异极显著。

失拟合项方差分析表明，该模型 P 大于 0.05，说明模型合理，无须拟合更高次项方程，不需要引入更多的自变量。模型决定系数在 0.9 以上，说明生物质育苗盘遇水后膨胀率的变化 90.0% 以上来源于所选因素成型压强、牛粪与水稻秸秆质量比和含水率。该模型变异系数较小，说明模型的可信度较高，故认为试验数据合理。在该模型中，信噪比为 12.723 89，远大于

4,说明了模型的充分性和合理性,故认为该模型具有较高的精确度,能准确地反映试验结果。对生物质育苗盘遇水后膨胀率的影响中,成型压强、牛粪与水稻秸秆质量比、含水率因素既存在线性效应,也存在二次方效应,因素间交互效应较弱(表7-11)。

表7-11　遇水后膨胀率模型拟合分析

项目	数据	项目	数据
样本标准偏差	9.443 704	拟合度	0.943 034
算数平均	50.58	Adj 拟合度	0.891 765
变异系数	18.670 83	Pred 拟合度	0.628 609
PRESS	5 814.343	信噪比	12.723 89

(1)成型压强、牛粪与水稻秸秆质量比、含水率对遇水后膨胀率的影响趋势分析

波动图如图7-29所示。成型压强和牛粪与水稻秸秆质量比对遇水后膨胀率影响呈线性效应,随着成型压强和牛粪与水稻秸秆质量比水平的增加,遇水后膨胀率呈线性减小趋势。含水率对遇水后膨胀率影响呈曲线效应,随着含水率水平的增加,遇水后膨胀率呈先降低后增加的趋势。从成型压强、牛粪与水稻秸秆质量比和含水率波动图的变化幅度和陡峭程度可见,在对遇水后膨胀率的影响上,牛粪与水稻秸秆质量比高于含水率,含水率高于成型压强,总体上对响应值影响由高到低为牛粪与水稻秸秆质量比、含水率、成型压强。

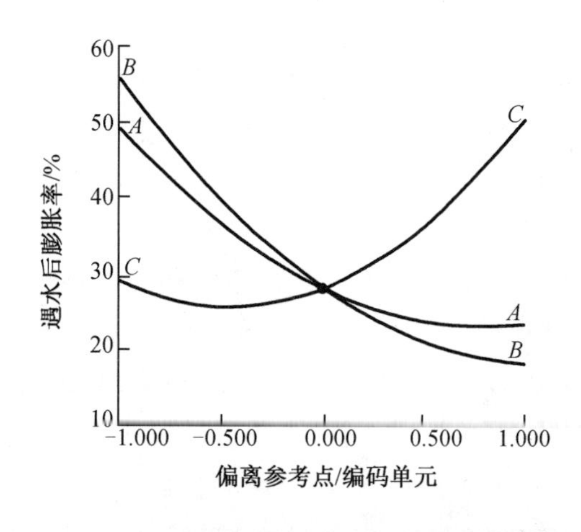

图7-29　遇水后膨胀率的影响因素波动图

(2)成型压强和牛粪与水稻秸秆质量比的交互作用对遇水后膨胀率的影响分析

图7-30为成型压强和牛粪与水稻秸秆质量比交互作用时对遇水后膨胀率影响的等高线图和响应曲面图。从响应曲面图中可以看出,当牛粪与水稻秸秆质量比水平固定时,生物质育苗盘遇水后膨胀率随着成型压强水平增大而降低,在成型压强低于20 MPa时,生物质育苗盘遇水后膨胀率随成型压强水平增大而降低的趋势较为明显,在成型压强超过20 MPa时,生物质育苗盘遇水后膨胀率随成型压强水平增大而降低的趋势较为平缓。当成

型压强水平固定时,遇水后膨胀率随牛粪与水稻秸秆质量比的增大呈逐渐降低的趋势。从等高线图可以看出,成型压强和牛粪与水稻秸秆质量比的交互作用接近圆形,说明两者的交互作用不大,等高线较密集说明牛粪与水稻秸秆质量比和成型压强对生物质育苗盘遇水后膨胀率影响显著。

(3)成型压强和含水率的交互作用对遇水后膨胀率的影响分析

图7-31为含水率和成型压强交互作用时对遇水后膨胀率影响的等高线图和响应曲面图。从响应曲面图中可以看出,当生物质物料含水率水平固定时,生物质育苗盘遇水后膨胀率随着成型压强水平的增大呈逐渐降低的趋势,遇水后膨胀率随成型压强的变化明显。当成型压强水平固定时,遇水后膨胀率随含水率的增大呈先降低后增高的趋势,当含水率低于26%时,遇水后膨胀率随含水率水平增加而减小,含水率超过26%时,遇水后膨胀率随含水率水平增加而增大。由等高线图可以看出,含水率和成型压强交互作用接近椭圆,说明两者交互作用较大,等高线较密集,说明含水率和成型压强交互作用对遇水后膨胀率的影响较大。

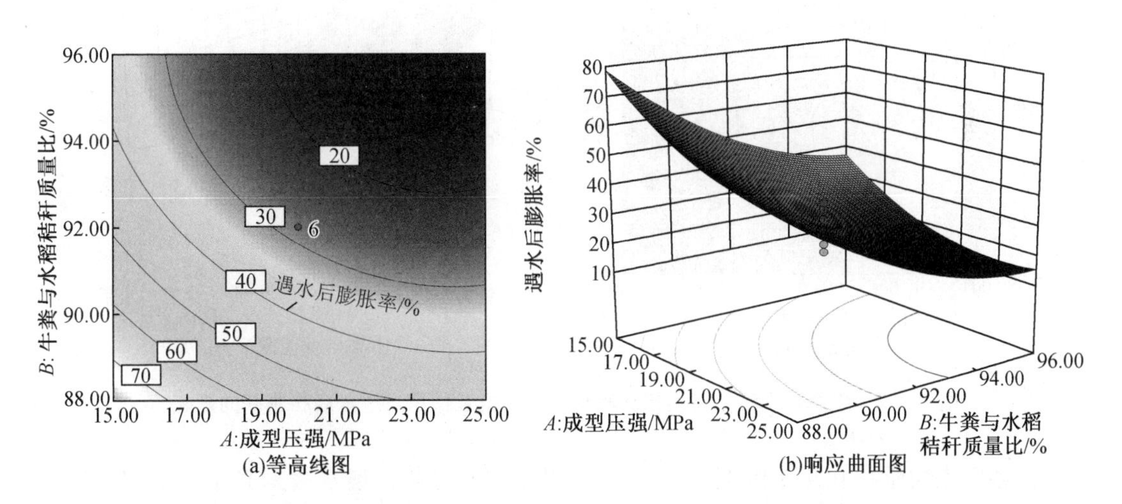

图7-30 成型压强和牛粪与水稻秸秆质量比的交互作用对遇水后膨胀率的影响

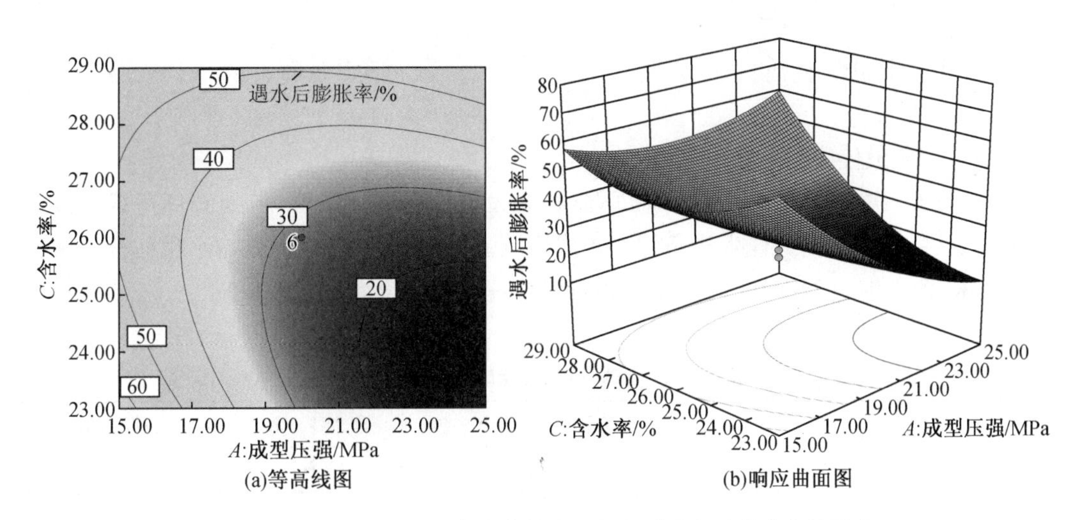

图7-31 成型压强和含水率的交互作用对遇水后膨胀率的影响

(4)牛粪与水稻秸秆质量比和含水率的交互作用对遇水后膨胀率的影响分析

图7－32为牛粪与水稻秸秆质量比和含水率交互作用时对遇水后膨胀率影响的等高线图和响应曲面图。当含水率水平固定时,生物质育苗盘遇水后膨胀率随着牛粪与水稻秸秆质量比水平增大呈降低的趋势,遇水后膨胀率随牛粪与水稻秸秆质量比水平变化较明显。当牛粪与水稻秸秆质量比水平固定时,生物质育苗盘遇水后膨胀率随含水率水平的增大呈先降低后升高的趋势,遇水后膨胀率随含水率的变化较明显。当含水率小于26%时,遇水后膨胀率随含水率水平增加而降低,含水率超过26%时,遇水后膨胀率随牛粪与水稻秸秆含水率水平增加而升高。从等高线图可以看出,含水率和牛粪与水稻秸秆质量比的交互作用接近圆形,说明两者的交互作用不大,等高线较密集说明含水率和牛粪与水稻秸秆质量比对生物质育苗盘遇水后膨胀率影响显著。

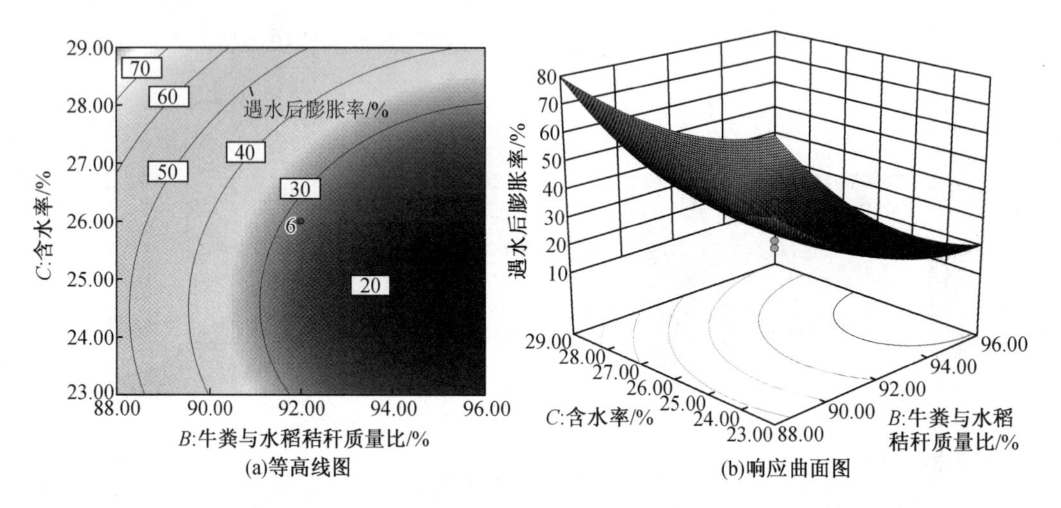

图7－32 牛粪与水稻秸秆质量比和含水率的交互作用对遇水后膨胀率的影响

由各因素贡献率和交互作用可知,各因素对生物质育苗盘遇水后膨胀率的影响主次顺序为牛粪与水稻秸秆质量比 > 含水率 > 成型压强。

7.3.4 优化分析

1.破坏荷载最佳成型参数

对拟合的二次方程式(7－16)以破坏荷载最大为目标进行求解,得到破坏荷载最佳成型参数(表7－12),得出最佳生产条件。当成型压强为19.14 MPa,牛粪与水稻秸秆质量比为89.41%,含水率为24.93%时,破坏荷载最佳,理论预测值为149.766 N。

表7－12 破坏荷载最佳成型参数组合

指标	成型压强/MPa	牛粪与水稻秸秆质量比/%	含水率/%	预测破坏荷载/N
参数	19.14	89.41	23.93	149.766

2. 遇水后破坏荷载最佳成型参数

对拟合的二次方程式(7－17)以遇水后破坏荷载最大为目标进行求解,得到遇水后破坏荷载最佳成型参数(表7－13),得出最佳生产条件。当成型压强为19.45 MPa,牛粪与水稻秸秆质量比为91.07%,含水率为25.07%时,遇水后破坏荷载最佳,理论预测值为42.426 N。

表7－13 遇水后破坏荷载最佳成型参数组合

指标	成型压强/MPa	牛粪与水稻秸秆质量比/%	含水率/%	遇水后破坏荷载/N
参数	19.45	91.07	23.07	42.426

3. 膨胀率最佳成型参数

对拟合的二次方程式(7－18)以膨胀率最小为目标进行求解,得出最佳生产条件。当成型压强为19.23 MPa,牛粪与水稻秸秆质量比为96.02%,含水率为24.31%时,膨胀率最小,理论预测值为12.141 3%(表7－14)。

表7－14 膨胀率最佳成型参数组合

指标	成型压强/MPa	牛粪与水稻秸秆质量比/%	含水率/%	膨胀率/%
参数	19.23	96.02	24.31	12.141 3

4. 遇水后膨胀率最佳成型参数

对拟合的二次方程式(7－19)以遇水后膨胀率最小为目标进行求解,得出最佳生产条件。当成型压强为19.83 MPa,牛粪与水稻秸秆质量比为96.50%,含水率为23.94%时,遇水后膨胀率最小,理论预测值为11.419 6%(表7－15)。

表7－15 遇水后膨胀率最佳成型参数组合

指标	成型压强/MPa	牛粪与水稻秸秆质量比/%	含水率/%	遇水后膨胀率/%
参数	19.83	96.50	23.94	11.419 6

5. 联合最佳条件求解

对拟合模型以破坏荷载、遇水后破坏荷载最大,膨胀率、遇水后膨胀率最小为目标进行求解,得出最佳生产条件。当成型压强为19.79 MPa,牛粪与水稻秸秆质量比为92.11%,含水率为23.81%时,破坏荷载最佳,理论预测值为147.277 N,遇水后破坏荷载最佳,理论预测值为40.795 1 N,膨胀率最小,理论预测值为15.153 3%,遇水后膨胀率最小,理论预测值为18.237 5%(表7－16)。

表 7-16　最佳组合

指标	成型压强/MPa	牛粪与水稻秸秆质量比/%	含水率/%	破坏荷载/N	遇水后破坏荷载/N	膨胀率/%	遇水后膨胀率/%
参数	19.79	92.11	23.81	147.277	40.795 1	15.153 3	18.237 5

7.3.5　验证试验

根据以破坏荷载、遇水后破坏荷载最大，膨胀率、遇水后膨胀率最小为目标进行求解结果，试验中取成型压强为 20 MPa、牛粪与水稻秸秆质量比为 92%、含水率为 24%，对生物质育苗盘进行压制成型验证试验。试验进行 3 次取平均值，所得性能指标见表 7-17。

表 7-17　验证试验得到的性能指标

性能指标	破坏荷载/N	遇水后破坏荷载/N	膨胀率/%	遇水后膨胀率/%
参数	151.3	43.2	14.4	18.5

7.4　本章小结

(1)进行了牛粪与水稻秸秆质量比和物料综合含水率对育苗盘成型率的影响试验，通过生物质育苗盘制备试验，确定了多种牛粪与水稻秸秆质量比在不同物料综合含水率条件下的成型率。试验结果：在育苗盘成型压强为 20 MPa 条件下，当牛粪与水稻秸秆质量比高于 85%、物料综合含水率大于 20% 时生物质育苗盘成型率在 80% 以上，当物料综合含水率大于 26%、牛粪与水稻秸秆质量比高于 90% 时成型率大于 90%。

(2)选取育苗盘成型压强、牛粪与水稻秸秆质量比和物料综合含水率为试验因素，以生物质育苗盘破坏荷载、遇水后破坏荷载、膨胀率和遇水后膨胀率为性能评价指标进行单因素试验研究，确定了多因素试验中育苗盘成型压强水平范围 15 ~ 25 MPa、牛粪与秸秆质量比水平范围 88% ~ 86%、物料综合含水率水平范围 23% ~ 29%。

(3)选取成型压强、牛粪与水稻秸秆质量比、物料综合含水率为试验因素，以生物质育苗盘破坏荷载、遇水后破坏荷载、膨胀率、遇水后膨胀率为育苗盘性能指标，采用三因素五水平的二次正交旋转组合设计的试验方案，利用 Design - Expert Version 8.0.6 软件对试验数据进行了单因素和双因素效应分析，试验结果：由各因素贡献率和交互作用可知，各因素对生物质育苗盘破坏荷载的影响因素主次顺序为育苗盘成型压强 > 物料综合含水率 > 牛粪与水稻秸秆质量比；对遇水后破坏荷载的影响因素主次顺序为牛粪与水稻秸秆质量比 >

物料综合含水率 > 育苗盘成型压强；对膨胀率的影响因素主次顺序为牛粪与水稻秸秆质量比 > 物料综合含水率 > 育苗盘成型压强；对遇水后膨胀率的影响因素主次顺序为牛粪与水稻秸秆质量比 > 物料综合含水率 > 育苗盘成型压强。

（4）进行了优化分析，对拟合模型以破坏荷载、遇水后破坏荷载最大，膨胀率、遇水后膨胀率最小为目标进行求解，得出最佳生产条件。当成型压强为 19.79 MPa，牛粪与水稻秸秆质量比为92.11%，含水率为23.81%时，破坏荷载最佳，理论预测值为147.277 N，遇水后破坏荷载最佳，理论预测值为40.795 1 N，膨胀率最小，理论预测值为15.153%，遇水后膨胀率最小，理论预测值为18.237 5%。对优化后关键性能指标进行了验证试验，试验结果：破坏荷载151.3 N、遇水后破坏荷载43.2 N、膨胀率14.4%、遇水后膨胀率18.5%。钵盘各项性能均满足实际使用要求。

第8章　生物质育苗盘育苗移栽试验

8.1　育苗试验

试验用玉米品种为德美亚3号,该玉米品种是德国KWS公司选育的玉米杂交种。德美亚3号玉米具有产量高、产量稳定、抗倒伏、土地适应强、熟期适中、株型合理等优点。德美亚3号在东北地区种植时生育期为110天左右。播种前2~3天,用28~30 ℃温水浸泡玉米种12 h后捞出滤干,然后将玉米种均匀铺放于培养托盘中,托盘底部铺有被水浸透的无纺布。将铺放好的玉米种连同托盘一同放置在恒温箱中,恒温箱温度设置为30 ℃,催芽24 h后取出。在育苗盘穴孔内铺20 mm厚底土,每穴拨入一粒催芽后玉米种,表面填表土至与育苗盘上边缘平齐,随后向育苗盘内浇水至完全浸湿,育苗盘环境温度为25 ℃ ±3 ℃,每日定时通风,上午8:00—9:00点浇水一次。

在玉米生物质育苗盘内播种后,第3~4天时,玉米种子破土出苗,第18~22天左右时玉米苗生长到3叶1芯,达到移栽要求,如图8-1所示。通过对育苗过程株高和叶片生长情况检测,玉米苗长势良好。根据第4章得到的育苗盘最佳组合,在成型压强20 MPa、牛粪与水稻秸秆质量比92%、含水率24%条件下制备的玉米生物质育苗盘,在经过育苗周期后均未发生破裂现象。

图8-1　育苗后生物质育苗盘内的玉米

育苗结束后,育苗盘出现玉米根系从育苗盘底部穿出的现象,如图8-2所示。出现该情况的育苗盘占育苗试验育苗盘总量的4%。根据该现象对制备后的玉米生物质育苗盘进行对比分析,发现在育苗盘脱模时,正常情况下退料板将生物质育苗盘从顶板型芯拉出的过程中,随着顶板型芯从育苗盘穴孔中抽出,空气从育苗盘穴孔内壁与顶板型芯的缝隙中涌入。当穴孔内壁与顶板型芯密闭较好时,在顶板型芯抽离过程中会在穴孔内形成真空,产生真空的穴孔底板会在大气压力的作用下产生裂隙。因此,在后期育苗过程中,随着秧苗根系生长,当有根系从裂隙长出时就产生了该现象。但后期田间移栽试验中,该类钵苗移入田间后,玉米的生长情况与正常钵苗无明显区别,不会对玉米苗的生长造成影响。

图8-2　根系穿出

8.2　育苗后育苗盘破坏荷载验证试验

8.2.1　试验目的

验证育苗后生物质育苗盘的破坏荷载是否均满足玉米育苗盘的抗弯性能要求,即破坏荷载大于29.267 4 N。

8.2.2　试验方案

选取育苗后的玉米生物质育苗盘20盘,带苗进行破坏荷载测试,将破坏荷载与育苗盘要求破坏荷载进行对比,验证是否满足要求。

8.2.3　试验结果

检测后的数据做散点图,如图8-3所示。从图中可以看出,选取的20盘生物质育苗盘破坏荷载均大于抗弯性能要求 29.267 4 N,破坏荷载均值为 40.47 N,说明本研究制备的玉米生物质育苗盘满足玉米育苗移栽要求。

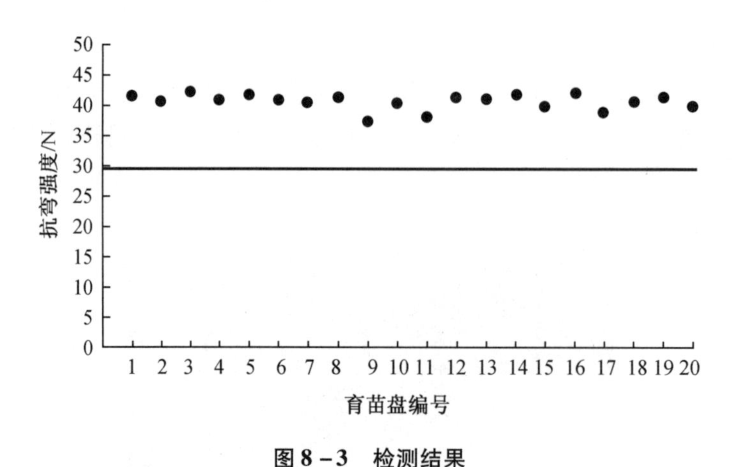

图 8-3　检测结果

8.3　试验田移栽试验

经过实验室育苗移栽试验后,进行生物质育苗盘大田移栽试验。试验地点在黑龙江八一农垦大学农学院试验田,移栽时间为 2018 年 5 月 21 日,移栽的同时进行玉米大田直播。在玉米钵苗移栽后的一个月,即 6 月 21 日对大田直播的苗进行间苗,此时大田直播的苗大部分长至 3 叶 1 芯,移栽后的钵苗大部分已长至 5 叶 1 芯。大田直播与育苗移栽的秧苗生长情况分别如图 8-4 和图 8-5 所示。待秋天玉米成熟时,在 9 月 25 日左右,进行大田移栽和育苗移栽的玉米已成熟,可进行收获。

图 8-4　直播秧苗

图 8-5　育苗移栽

由图 8-4 和图 8-5 表明,大田直播的玉米秧苗长势较好,在大田直播的玉米秧苗长到 3 叶 1 芯时,移栽后的钵苗长势良好,绝大部分已长到 5 叶 1 芯,且植株强壮。图 8-6 中

(a)为移栽后20天拨开表土后生物质育苗盘降解和玉米苗根系生长情况,(b)为移栽后40天生物质育苗盘降解和玉米苗根系生长情况,(c)为收获时玉米根系生长情况。从图8-6(a)中可以看出,生物质育苗盘部分降解,少量根系穿透生物质育苗盘侧壁扎到土壤中,但秧苗根系还受到生物质育苗盘的限制。从图8-6(b)中可以看出,入土40天时,生物质育苗盘已基本松散腐解,仅可见直径小于5 mm的生物质育苗盘材料残留,从钵苗根系来看,钵苗根系开始展开,但仍可见部分根系形状受育苗盘限制。图8-6(c)中移栽后的钵苗收获时根系已完全展开,与大田直播的秧苗根系生长情况基本一样,根系也较为粗壮,钵盘材料已完全腐解。这表明生物质育苗盘在钵苗根系生长前期会对根系生长造成一定限制,但是对根系整体生长影响并不是很大。生物质育苗盘入土超过40天时可基本完成降解,并随着钵苗后期生长完全降解。经过与大田直播的玉米秧苗相比较,利用生物质育苗盘育苗移栽后的玉米产量有明显提升,测产时分别取100株育苗移栽和大田直播成熟后的植株进行测产,育苗移栽后的育苗产量比大田直播苗的产量提高8.3%。玉米田间生长环境温度情况见表8-1。

(a)

(b)

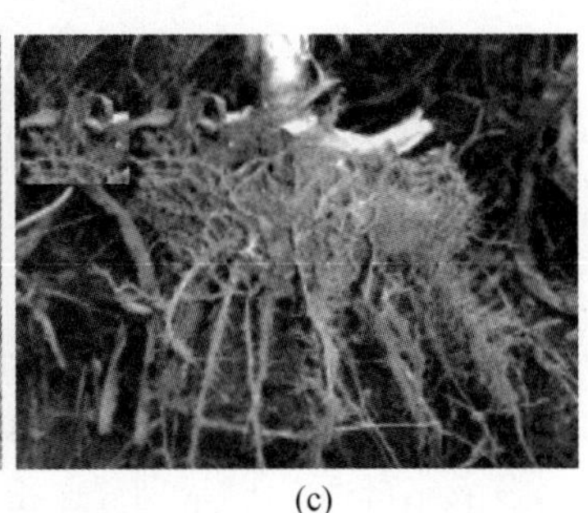
(c)

图8-6　降解及根系生长情况

表8-1　环境温度表(2018年)　　(单位:℃)

日期	高温	低温	日期	高温	低温	日期	高温	低温	日期	高温	低温
5月21日	20	10	5月22日	20	10	5月23日	20	10	5月24日	20	10
5月25日	20	10	5月26日	21	11	5月27日	21	11	5月28日	21	11
5月29日	21	11	5月30日	21	11	5月31日	21	11	6月1日	21	12
6月2日	22	12	6月3日	22	12	6月4日	22	12	6月5日	22	12
6月6日	22	13	6月7日	22	13	6月8日	22	13	6月9日	22	13
6月10日	23	13	6月11日	23	14	6月12日	23	14	6月13日	23	14
6月14日	23	14	6月15日	23	14	6月16日	24	15	6月17日	24	15
6月18日	24	15	6月19日	24	15	6月20日	24	15	6月21日	24	16
6月22日	25	16	6月23日	25	16	6月24日	25	16	6月25日	25	16
6月26日	25	16	6月27日	26	17	6月28日	26	17	6月29日	26	17
6月30日	26	17	7月1日	26	17	7月2日	26	17	7月3日	26	17
7月4日	26	17	7月5日	26	18	7月6日	27	18	7月7日	27	18

表 8－1(续)

日期	高温	低温	日期	高温	低温	日期	高温	低温	日期	高温	低温
7月8日	27	18	7月9日	27	18	7月10日	27	18	7月11日	27	18
7月12日	27	18	7月13日	27	18	7月14日	27	18	7月15日	27	18
7月16日	27	18	7月17日	27	18	7月18日	26	18	7月19日	26	18
7月20日	26	18	7月21日	26	18	7月22日	26	18	7月23日	26	18
7月24日	26	18	7月25日	26	18	7月26日	26	18	7月27日	26	18
7月28日	26	18	7月29日	26	18	7月30日	26	18	7月31日	26	18
8月1日	26	18	8月2日	26	18	8月3日	26	18	8月4日	26	18
8月5日	25	18	8月6日	25	18	8月7日	25	18	8月8日	25	18
8月9日	25	18	8月10日	25	18	8月11日	25	18	8月12日	25	18
8月13日	25	18	8月14日	25	17	8月15日	25	17	8月16日	25	17
8月17日	25	17	8月18日	24	17	8月19日	24	17	8月20日	24	17
8月21日	24	16	8月22日	24	16	8月23日	24	16	8月24日	24	16
8月25日	24	16	8月26日	23	15	8月27日	23	15	8月28日	23	15
8月29日	22	15	8月30日	22	15	8月31日	22	14	9月1日	22	14
9月2日	22	14	9月3日	21	14	9月4日	21	13	9月5日	21	13
9月6日	21	13	9月7日	20	13	9月8日	20	12	9月9日	20	12
9月10日	20	12	9月11日	20	12	9月12日	19	11	9月13日	19	11
9月14日	19	11	9月15日	19	11	9月16日	19	10	9月17日	18	10
9月18日	18	10	9月19日	18	9	9月20日	18	9	9月21日	17	9
9月22日	17	9	9月23日	17	8	9月24日	17	8	9月25日	17	8

8.4 本章小结

(1)进行了育苗试验,通过对育苗过程株高和叶片生长情况检测玉米苗长势良好。本研究的较佳成分配比制备的玉米生物质育苗盘,在经过育苗周期后均未发生破裂现象。

(2)通过育苗后育苗盘破坏荷载验证试验,选取的20盘生物质育苗盘破坏荷载均大于抗弯性能要求29.267 4 N,破坏荷载均值为40.47 N,说明制备的玉米生物质育苗盘满足玉米育苗移栽要求。

(3)进行了试验田移栽试验,试验结果表明,生物质育苗盘入土超过40天时可基本完成降解,并随着钵苗后期生长完全降解。经过与大田直播的玉米苗相比较,利用生物质育苗盘育苗移栽后的产量有明显提升,测产时分别取100株育苗移栽和大田直播成熟后的植株进行测产,育苗移栽后的育苗产量比大田直播秧苗产量提高8.3%。

参考文献

[1] 杜彦朝,赵伟,陈钢.我国玉米单粒精播的发展趋势[J].种子世界,2010(1):1-5.

[2] 周洁.中国农业供给侧结构性改革研究[D].昆明:云南农业大学,2017.

[3] 张冕,姬江涛,杜新武.国内外移栽机研究现状与展望[J].农业工程学报,2012(2):21-23.

[4] 陈微.黑龙江省城乡一体化发展研究[D].长春:东北师范大学,2014.

[5] 张丽华,邱立春,田素博.穴盘苗自动移栽机的研究进展[J].农业科技与装备,2009(5):28-31.

[6] 马永财.玉米移栽植质钵育苗盘成型机理及试验研究[D].大庆:黑龙江八一农垦大学,2017.

[7] 白岩,刘好宝,史万华,等.苗盘高度和育苗密度对烟苗生长发育的影响[J].核农学报,2012,26(7):1082-1086.

[8] 李连豪,汪春,张欣悦.植质钵育秧盘在水稻育苗移栽上的应用分析[J].农机化研究,2014(2):147-152.

[9] 钟传东.蓝云杉大棚营养钵育苗技术研究[J].防护林科技,2017(6):45-47.

[10] NENNICH T D, HARRISON J H, VANWIERINGEN L M, et al. Prediction of manure and nutrient excretion from dairy cattle[J]. Journal of Dairy Science, 2005, 88(10): 3721-3733.

[11] 施正香,王盼柳,张丽,等.我国奶牛场粪污处理现状与综合治理技术模式分析[J].中国畜牧杂志,2016(14):62-66.

[12] WU G F, SUN E H, HUANG H Y. Preparation and properties of biodegradable planting containers made with straw and starch adhesive[J]. Bioresources, 2013, 8(4): 5358-5368.

[13] 黄晓梅,唐虹,徐山青.可降解育苗钵的研制[J].产业用纺织品,2001,19(127):18-20.

[14] ZHENG F, LI H. An environment-friendly thermal insulation material from cotton stalk fibers[J]. Energy and Buildings, 2012, 42(7): 107-121.

[15] 姚行成,王军.可降解育苗筒的降解及其对土壤养分和橡胶苗木生长的影响[J].热带农业科学,2019,39(1):1-4.

[16] 钱伯章.可降解塑料的发展现状和趋势[J].现代塑料,2005(8):64-68.

[17] 张憬.秸秆的处理方法及秸秆粉碎机的介绍[J].甘肃畜牧兽医,2003,33(5):39-40.

[18] ZHANG Y P, DING S Y, MIELENZ J R, et al. Fractionating recalcitrant lignocellulose at modest reaction conditions[J]. Biotechnology and Bioengineering, 2007, 97(2): 214-223.

[19] SUN E H,HUANG H Y,SUNB F W. Degradable nursery containers made of rice husk and cornstarch composites[J]. Bioresources,2017,12(1):785 - 798.

[20] POSTEMSKY P D,MARINANGELI P A,CURVETTO N R. Recycling of residual substrate from *Ganoderma* lucidum mushroom cultivation as biodegradable containers for horticultural seedlings[J]. Scientia Horticulturae,2016(201):329 - 337.

[21] QU P ,HUANG H H,WU G W. Preparation and degradation of seedling containers made from straw and hydrolyzed soy protein isolate modified urea - formaldehyde resins[J]. Bioresources,2015(4):7946 - 7957.

[22] 耿端阳,张铁中,娄秀华,等. 玉米育苗营养钵形状和容积对育苗效果的影响[J]. 中国农业大学学报,2002,7(6): 29 - 32.

[23] 陈海荣,张忠振,盛丽君. 可降解育苗钵在甜瓜育苗上的应用[J]. 长江蔬菜, 2002(2): 34.

[24] 彭祚登,刘彦明,杨会英. 一种新型秸秆育苗容器技术特性的研究[J]. 河北林业科技,2006(2):3 - 5,13.

[25] 王君玲,高玉芝,尹维达. 秸秆类型对秸秆育苗钵成型质量的影响[J]. 沈阳农业大学学报,2010,41(3): 357 - 359.

[26] 张志军,王慧杰,李会珍,等. 秸秆育苗钵质量和性能影响因素及成本分析[J]. 农业工程学报,2011,27(10): 83 - 87.

[27] 张志军,王慧杰,李会珍,等. 秸秆育苗钵在棉花育苗移栽上的应用及效益分析[J]. 农业工程学报,2011,27(7): 279 - 282.

[28] 陈中玉. 秸秆原料热压成型育苗钵试验研究[D]. 沈阳:沈阳农业大学,2007.

[29] 白晓虎,李芳,张祖立,等. 秸秆挤压成型育苗钵的试验研究[J]. 农机化研究,2008(2):136 - 138.

[30] 孙启新,张仁俭,董玉平. 基于 ANSYS 的秸秆类生物质冷成型仿真分析[J]. 农业机械学报,2009,40(12):130 - 134.

[31] 庹洪章,刘建辉,谢祖琪,等. 秸秆成型加工技术的试验研究[J]. 西南大学学报(自然科学版),2009,31(11):133 - 139.

[32] 周春梅,来小丽. 生物质秸秆成型工艺的试验研究[J]. 可再生能源,2009,27(5):37 - 41.

[33] 裘啸,阎维平,鲁许鳌,等. 秸秆成型燃料自然干燥特性的实验研究[J]. 可再生能源,2010,28(4):69 - 74.

[34] 高玉芝,王君玲,尹维达,等. 黏结剂对秸秆育苗钵成型质量影响的试验研究[J]. 农机化研究,2009(12):147 - 148.

[35] 汪春,张锡志,丁元贺,等. 基于稻草制造钵育秧盘水稻栽植机的研究[J]. 农业工程学报, 2005,21(8): 66 - 69.

[36] 万合锋,武玉祥,聂飞,等. 农业废物堆肥化处理技术控制简述[J]. 浙江农业科学,2019,60(03):523 - 527.

[37] 张幻影. 高纯度木质素的提取及其热解特性的研究[D]. 武汉:华中科技大学,2014.

[38] 王学川,张思肖,刘新华,等. 工业用木材胶粘剂的研究进展[J]. 中国胶粘剂,2018,

27(9):51-56.
[39] 李伟振,姜洋,饶曙,等.碱性木质素对玉米秸秆成型特性的影响[J].林产化学与工业,2017,37(6):35-42.
[40] 王永胜,刘荣.生物质秸秆转化利用技术研究进展[J].贵州农业科学,2018,46(12):149-153.
[41] 骆枫,林力,李振臣,等.生物质的电化学转化反应及反应器[J].化工学报,2019,70(3):801-816.
[42] 王小青,费本华,任海青.杉木光变色的 FTIR 光谱分析[J].光谱学与光谱分析,2009,29(5):1272-1275.
[43] 詹怀宇,李志强,蔡再生.纤维化学与物理[J].北京:科学出版社,2005.
[44] STOLL M, FENGEL D. Studies on holocellulose and alpha-cellulose from spruce wood using cryo-ultramicrotomy[J]. Wood Science and Technology, 1977, 11(4): 265-274.
[45] FENGEL D. The ultrastructure of cellulose from wood[J]. Wood Science and Technology, 1969, 3(3): 203-217.
[46] 岳鹏远,杨春影,吴明生.磺化木质素造粒炭黑在 NR 中的性能研究[J].世界橡胶工业,2017,44(09):1-4.
[47] 张浩楠,赵瑾,徐栋梁,等.二维核磁谱对木质素酚与磨木木质素结构的对照解析[J].纤维素科学与技术,2018,26(4):9-18.
[48] 尹子康,朴载允.木素磺酸盐在胶合板生产上的应用[J].吉林林业科技,1994,94(3):1-5.
[49] 穆有炳,施娟娟,王春鹏,等.木质素在木材胶黏剂中的应用[J].生物质化学工程,2009,43(3):42-46.
[50] 张庆法,高巧春,林晓娜,等.木质素磺酸钙/高密度聚乙烯复合材料的力学性能[J].复合材料学报,2019,36(03):630-637.
[51] LI K C, GENG X L. Investigation of formaldehyde-free wood adhesives from kraft lignin and a polyaminoamide-epichlorohydrin resin[J]. Journal of Adhesion Science and Technology,2004,18(4):427-439.
[52] GENG X L, LI K C. Investigation of wood adhesives from kraft lignin and polyethylenimine[J]. Journal of Adhesion Science and Technology,2006,20(8):847-858.
[53] 张惠民.环保型木质素阻燃粘合剂的制备方法:02112174.5[P].2002-07-21.
[54] LEI H, PIZZI A, DU G. Environmentally friendly mixed tannin/lignin wood resins[J]. Journal of Applied Polymer Science, 2008, 107(1): 203-209.
[55] FORINTEK C C. Development of lignin adhesive[M]. Ottawa: Forintek Canada Corp, 1982.
[56] EDLER F J. Sulfite spent liquor-urea formaldehyde resin adhesive product:US4194997[P].1980-03-25.
[57] LAMBUTH A L. Aqueous polyisocyanate-lignin adhesive:US4279788[P]. 1981-07-21.

[58] BORNSTEIN L F. Lignin - based composition board bindercomprising a copolymer of a lignosulfonate,melamine and analdehyde: US05/811596 [P]. 1978 - 12 - 19.

[59] RASKIN M, IOFFE L O, PUKIS A Z, et al. Composition board binding material: US09345019[P]. 2001 - 09 - 18.

[60] FELBY C, PEDERSEN L S, NIELSEN B R. Enhanced auto adhesion of wood fibers using phenol oxidases[J]. Physics and Technology of Wood, 1997, 51(3): 281 - 286.

[61] MRADULA M, CHANDRA B, SHARM A, et al. Studies on lignin - based adhesives for plywood panel[J]. Polymer International, 1992(29): 728.

[62] 安鑫南, HERBERT A S, GERALD E T. 脱甲基硫酸盐木质素代替酚在木材粘合剂中的应用 [J]. 林产化学与工业, 1995, 15 (3): 36 - 42.

[63] WANG J S, MANLEY R J, FELDMAN D. Synthetic polymer - lignin copolymers and blend[J]. Progress in Polymer Science, 1992, 17(4): 611 - 646.

[64] 卫民. 木质素酚醛胶合板粘合剂的研究[C]. 第四届全国林产化学学术会议论文集. 南京: 1989.

[65] 张晔,陈明强,王华,等. 木质素基材料的研究及应用进展[J]. 生物质化学工程, 2012,46(5):45 - 52.

[66] BAUMBERGER S, LAPIERRE C, MONTIES B, et al. Use of kraft lignin as filler for starch films[J]. Polymer Degradation and Stability, 1998, 59(1 - 3): 273 - 277.

[67] LEPIFRE S, BAUMBERGER S, POLLET B, et al. Reactivity of sulphur - free alkali lignins within starch films[J]. Industrial Crops and Products, 2004, 20(2): 219 - 230.

[68] BAN W, SONG J, LUCIA L A. Influence of natural biomaterials on the absorbency and transparency of starch - derived films: an optimization study [J]. Industrial & Engineering Chemistry Research, 2007, 46(20): 6480 - 6485.

[69] WU R L, WANG X L, LI F, et al. Green composite films prepared from cellulose, starch and lignin in room - temperature ionic liquid[J]. Bioresource Technology, 2009, 100(9): 2569 - 2574.

[70] LIU C, WU G X , MU H Z, et al. Synthesis and application of lignin - based copolymer LSAA on controlling non - point source pollution resulted from surface runoff[J]. Journal of Environmental Sciences, 2008, 20(7): 820 - 826.

[71] MULDER W J, GOSSELINK R J A, VINGERHOEDS M H, et al. Lignin based controlled release coatings[J]. Industrial Crops and Products, 2011, 34(1): 915 - 920.

[72] GARRIDO - HERRERA F J, DAZA - FERNÁNDEZ I, GONZÁLEZ - PRADAS E, et al. Lignin - based formulations to prevent pesticides pollution[J]. Journal of Hazardous Materials, 2009, 168(1): 220 - 225.

[73] FERNÁNDEZ - PÉREZ M, VILLAFRANCA - SÁNCHEZ M, FLORES - CÁSPEDES F, et al. Prevention of chloridazon and metribuzin pollution using lignin - based formulations [J]. Environmental Pollution, 2010, 158(5): 1412 - 1419.

[74] FERNÁNDEZ - PÉREZ M, GARRIDO - HERRERA F J, GONZÁLEZ - PRADAS E.

Alginate and lignin – based formulations to control pesticides leaching in a calcareous soil [J]. Journal of Hazardous Materials, 2011, 190(1 – 3): 794 – 801.

[75] 张晓冬, 史春余, 隋学艳, 等. 基质肥料缓释基质的筛选及其氮素释放规律[J]. 农业工程学报, 2009, 25(2): 62 – 66.

[76] FERNÁNDEZ – PÉREZ M, VILLAFRANCA – SÁNCHEZ M, FLORES – CÉSPEDES F, et al. Ethylcellulose and lignin as bearer polymers in contro lled release formulations of chloridazon[J]. Carbohydrate Polymers, 2011, 83(4): 1672 – 1679.

[77] ZHOU W, ZHOU Y, HUA J. Green manufacturing environment of straw packaging container extrusion mechanism design [C]// International Conference on Advances in Materials and Manufacturing. Fuzhou:2015.

[78] FU M,HAN L Z,LIANG D. Force analysis and prameters impact study on die hole of the biofuel briquette machine[J]. Renewable Energy Resources,2016,34(4):600 – 607.

[79] GAO W, TABIL L G,ZHAO R F,et al. Optimized design and experiment on ring mold pelletizer for producing biomass fuel pellets[J]. International Journal of Agricultural and Biological Engineering,2016(3):57 – 66.

[80] LIU B C,LIANG X M,GUO H Y. Analysis of biomass briquette machine ring mold length – diameter ratio of finite element based on ANSYS[J]. Key Engineering Materials,2012 (501):463 – 466.

[81] 鲁海宁. 生物质全降解餐饮具模具结构分析及优化[D]. 济南:山东大学, 2010.

[82] 鲁海宁,贾秀杰,李剑峰,等. 全降解餐盒成型模具热分析与优化[J]. 模具工业, 2010, 36(3): 45 – 49.

[83] 赵嘉蓓. 生物质育苗容器的成型模具设计及其性能研究[D]. 太原:太原科技大学, 2015.

[84] 赵嘉蓓,陈思佳,高德,等. 生物基育苗秧钵包装容器的力学性能测试与分析[J]. 包装工程, 2015, 36(1): 103 – 106.

[85] 张琳,刘俊峰,邢敬轩,等. 营养钵混料成型机三维建模与运动仿真:基于 Inventor [J]. 农机化研究,2012, 34(6): 122 – 125.

[86] 陈雪,付文智,李明哲. 营养块成型机的研制及工艺研究[J]. 锻压装备与制造技术, 2005(1): 43 – 45.

[87] 陈雪,付文智,李明哲. 基于 ADAMS 的营养块成型机动力学研究[J]. 农机化研究, 2010, 32(8): 39 – 42.

[88] 刘洪杰,刘俊峰,郝建军,等. 生物质育苗钵及成型装备[J]. 农业机械学报,2012, 43(2): 52 – 54.

[89] 刘洪杰. 生物质育苗营养钵成型机理与装备研究[D]. 保定:河北农业大学, 2015.

[90] 左晓明. 基于 ANSYS 的生物质餐具成型模具热分析及优化[J]. 机械设计与制造, 2010(12): 237 – 239.

[91] 周莉. 注塑模具型腔疲劳可靠性分析[D]. 长沙:湖南大学, 2010.

[92] RUMPF H C H. Zur theorie der zugfestigkeit von agglomeraten bei kraftuebertragung an

kontaktpunkten[J]. Chemie Ingenieur Technik,1970, 42(8): 538 -540.

[93] 肖军, 段菁春, 王华, 等.生物质利用现状[J]. 安全与环境工程, 2003(01):16 -24.

[94] 胡若漪. 规模化养牛场牛粪污综合利用研究[J]. 环境保护科学, 2014 (6): 57 -59.

[95] BRAUNS F E. The chemistry of lignin[J]. Archives of Biochemistry and Biophysics, 1952,38(1):470 -471.

[96] 王晖, 顾帼华, 邱冠周. 接触角法测量高分子材料的表面能[J]. 中南大学学报(自然科学版), 2006, 37(5): 942 -947.

[97] 吴云玉,董玉平,吴云荣. 生物质固化成型的微观机理[J]. 太阳能学报,2011, 32(2): 268 -271.

[98] 王灿,许俊强,张应华. 不同配比有机废弃物在茄果类蔬菜穴盘育苗中的应用[J]. 农业工程技术,2019, 39(13): 64 -68.

[99] 王春华,宋超,朱天龙,等. 环模秸秆成型机压辊半径的优选与试验[J]. 农业工程学报,2013, 29(15): 26 -33.

[100] 戴文仪. 生物质颗粒燃料燃烧特性及燃烧动力学实验研究[D]. 长春:吉林大学, 2008.

[101] 陈晓青. 生物质固化成型制品表面裂纹研究[D]. 济南:山东大学, 2010.

[102] 李争明. 纤维素酶产生菌的筛选、发酵产酶条件优化及酶学特性研究[D]. 武汉:湖北工业大学, 2014.

[103] 李勇. 纤维素选择性氧化的研究[D]. 杭州:浙江大学, 2014.

[104] MATTOS B D,LOURENÇON T V,SERRANO L. Chemical modification of fast - growing eucalyptus wood[J]. Wood Science and Technology,2015(2):273 -288.

[105] 梁嘉晋. 纤维素和半纤维素热解机理及其产物调控途径的研究[D]. 广州:华南理工大学, 2016.

[106] 李伟振,姜洋,阴秀丽. 生物质成型燃料压缩机理的国内外研究现状[J]. 新能源进展,2017, 5(4): 286 -293.

[107] 谷志新. 生物质致密成型过程模孔力学及参数优化研究[D]. 哈尔滨:东北林业大学, 2012.

[108] 辛明金,陈天佑,张强,等. 含稻秸蔬菜育苗基质块成型工艺参数优化[J]. 农业工程学报, 2017,33(16): 219 -225.

[109] 杨龙元,袁巧霞,刘志刚,等. 牛粪好氧和蚯蚓堆肥腐熟料成型基质块制备及育苗试验[J]. 农业工程学报,2016,32(24): 226 -233.

[110] 饶月,刘芮,杨飞,等. 烟秆和木屑生物质颗粒燃料成型工艺参数优化[J]. 可再生能源,2019, 37(5): 650 -655.

[111] 邢献军,李涛,马培勇,等. 生物质固体成型燃料热压成型实验研究[J]. 太阳能学报,2016, 37(10): 2660 -2667.

[112] 曹永全,孙姣,于飞跃,等. 倾斜式模孔环模成型机能耗与成型密度分析[J]. 太阳能学报,2019, 40(10): 2871 -2877.

[113] 吉喆. 稀酸碱预处理过程中植物细胞壁解构研究[D]. 北京:北京林业大学, 2016.

[114] 王维振. 生物质压块成型影响因素及成型机动态分析[D]. 济南:山东大学, 2012.

[115] 回彩娟. 生物质燃料常温高压致密成型技术及成型机理研究[D]. 北京:北京林业大学, 2006.

[116] 高雨航. 基于离散元法的沙柳细枝颗粒致密成型机理研究[D]. 呼和浩特:内蒙古科技大学, 2019.

[117] 王明峰,叶国辉,蒋恩臣,等. 桉树木屑热压成型特性研究[J]. 太阳能学报,2018, 39(10): 2884 -2890.

[118] 闫芳. 玉米秸秆厌氧发酵及其沼渣与褐煤共制备生物质型煤研究[D]. 北京:中国石油大学, 2017.

[119] 万鹏举,马永财,张博,等. 动物粪便与秸秆成型坯块制备工艺参数试验研究[J]. 可再生能源,2020, 38(4): 427 -433.

[120] 胡运龙. 生物质平模成型机压辊的优化设计研究[D]. 合肥:合肥工业大学, 2015.

[121] 张国梁,孙照斌,曲保雪,等. 生物质致密成型技术和设备研究[J]. 林业机械与木工设备,2010, 38(12): 13 -16.

[122] 徐志良. 基于玉米秸秆的物料特性对膨化机螺杆磨损机理研究[D]. 阜新:辽宁工程技术大学, 2019.

[123] 封百涛. 生物质液压成型机模具结构分析及优化[D]. 济南:山东大学, 2012.

[124] 毋高峰,刘云鹏,吕风朝,等. 活塞冲压式棒状生物质成型机成型筒的优化设计[J]. 河南农业大学学报, 2017, 51(3): 341 -347.

[125] 袁大龙. 生物质常温柱塞式环模颗粒成型机研究及设计[D]. 北京:北京林业大学, 2014.

[126] 罗斌,罗东飚,王进红,等. 模辊式颗粒机在生物质燃料生产领域中的应用比较[J]. 农业工程,2014, 4(3): 44 -46.

[127] 闫莉. 沙柳颗粒致密成型过程宏细观力学模型研究[D]. 呼和浩特:内蒙古科技大学, 2020.

[128] 王宏轩,于珍珍,李海亮,等. 水稻植质钵育秧盘成型机的设计[J]. 农机化研究, 2020, 42(2): 96 -100.

[129] 李涛. 生物质成型机平模优化设计与试验研究[D]. 合肥:合肥工业大学, 2015.

[130] 李林秀. 热塑性复合材料热冲压成型褶皱缺陷的形成机理研究[D]. 上海:东华大学, 2020.

[131] 唐立新. 生物质致密成型温度场分布模拟研究[D]. 呼和浩特:内蒙古科技大学, 2020.

[132] 曾耀国. 生物质低温热解碳化及生物质炭燃烧特性研究[D]. 长春:吉林大学, 2014.

[133] 丁宁,李海涛,闫安,等. 秸秆多级连续冷辊压成型试验研究[J]. 农业机械学报, 2021,52(5):279 -285.

[134] 李安心,张传佳,涂德浴,等. 水稻秸秆热压成型工艺参数试验研究[J]. 中国农业气象,2016,37(1):26 -35.

[135] 陈洪波. 生物质压制成型机理及设备的研究[D]. 太原:太原理工大学,2013.

[136] 苏俊林,赵晓文,王巍. 生物质成型燃料研究现状及进展[J]. 节能技术,2009,27(2):117 -120.

[137] 蒋绍坚,黄靓云,彭好义,等. 生物质成型燃料的热重分析及动力学研究[J]. 新能源进展,2015,3(2):81 -87.

[138] 邹雨合. 我国锻造加热设备的现状与发展[J]. 锻压装备与制造技术, 2008, 43(5): 22 -24.

[139] 徐先泽, 肖雅静, 时千峰. 感应加热技术的应用及发展[J]. 现代零部件, 2010(3): 62 -63.

[140] 田志川. 感应加热原理的讨论[J]. 通化师范学院学报,2004,25(4):44 -45.

[141] 彭咏龙, 史孟, 李亚斌, 等. SiC MOSFET 在感应加热电源中的应用[J]. 电测与仪表, 2017, 54(12): 112 -116.

[142] 刘娟芳,曾丹苓,刘朝,等. 水导热系数的分子动力学模拟[J]. 工程热物理学报,2007,28(2):196 -198.

[143] TUMULURU J S. Effect of pellet die diameter on density and durability of pellets made from high moisture woody and herbace ous biomass[J]. Carbon Resources Conversion, 2018, 1(1): 44 -54.

[144] MUNSON B R, OKIISHI T H, HUEBSCH W W, et al. Fluid mechanics[M]. Singapore: Wiley, 2013.

[145] XIAO Z, LI Y, WU X, et al. Utilization of sorghum lignin to improve adhesion strength of soy protein adhesives on wood ven eer[J]. Industrial Crops and Products, 2013(50): 501 -509.

[146] SALMÉN L. Viscoelastic properties ofin situ lignin under water - saturated conditions[J]. Journal of Materials Science, 1984, 19(9): 3090 -3096.

[147] Sammond D W, Yarbrough J M, Mansfield E, et al. Predicting enzyme adsorption to lignin films by calculating enzyme surface hydrophobicity[J]. Journal of Biological Chemistry, 2014, 289(30): 20960 -20969.

[148] MØller H B, Sommer S G, Ahring B K. Methane productivity of manure, straw and solid fractions of manure[J]. Biomass and bioenergy, 2004, 26(5): 485 -495.

[149] Espert A, Vilaplana F, Karlsson S. Comparison of water absorption in natural cellulosic fibres from wood and one - year crops in polypropylene composites and its influence on their mechanical properties [J]. Composites Part A: Applied science and manufacturing, 2004, 35(11): 1267 -1276.